·26·

GIARDINI E PAESAGGIO

Collana diretta da
Lucia Tongiorgi Tomasi
Luigi Zangheri

Massimo de Vico Fallani

Il vero giardiniere coltiva il terreno

Tecniche colturali della tradizione italiana

Leo S. Olschki
2009

Casa Editrice Leo S. Olschki
Viuzzo del Pozzetto, 8
50126 Firenze
www.olschki.it

ISBN 978 88 222 5931 8

PREFAZIONE

La concisa nota bibliografica proposta a corredo di questo volume offre soltanto 58 titoli. Sembrerebbe inadeguata e non rispondente all'infinità di pubblicazioni sul giardino che, negli ultimi decenni, hanno invaso le nostre biblioteche. Al contrario è una bibliografia esauriente e puntuale perché registra con esattezza tutti i testi fondamentali riguardanti la teoria e la pratica della coltivazione dei giardini secondo le tecniche tradizionali. Quello che invece potrebbe sorprendere, ma non più di tanto, è il fatto che nell'ultimo mezzo secolo in Italia siano apparsi soltanto 15 volumi sull'argomento. Infatti l'Italia, come ricorda Massimo de Vico Fallani nella sua introduzione, fu prima nel mondo occidentale nella produzione di testi agrari a partire dal XIV secolo grazie al de' Crescenzi, e a numerosi altri autori toscani, emiliani, lombardi e veneti, ma dalla prima metà del XX secolo registrò una notevole contrazione della letteratura orticola, in parallelo al declino della professione del giardiniere.

Una constatazione che ci porta a identificare gli illustri precedenti di questo volume, dopo un intervallo plurisecolare, in opere magistrali quali *Il giardiniere avviato nell'esercizio della sua professione*, pubblicato a Milano nel 1812 da Francesco Re, e il *Manuale del giardiniere fioricoltore e decoratore di giardini* dei fratelli Marcellino e Giuseppe Roda, che è stato edito dall'Unione Tipografico-Editrice nel 1872. In entrambe queste opere sono inseriti lunghi elenchi di piante delle specie le più diverse corredate da una scheda come in un dizionario, cosa inevitabile al tempo della loro pubblicazione per "agevolare i giardinieri e gli amatori nella scelta delle piante maggiormente adatte alle diverse località" (Roda, 1872, p. XIII), ma inopportuni nel volume di Massimo de Vico Fallani. Al contrario l'oggetto dei capitoli e la loro esposizione è stata ripresa in questo volume anche perché, per certi versi, il de Vico Fallani si è rivolto allo stesso pubblico a cui si indirizzarono il Re ed i Roda.

Scrive Francesco Re che il suo volume è dedicato "a tutti quelli che lo vogliono consultare con qualche profitto", in particolare ai "novizj nell'arte di coltivare i giardini" e agli "amatori", per quanto fosse convinto che con un'attenta lettura dei suoi scritti non permetterà di "diventare bravo giardiniere, anzi nemmeno col solo studio". Infatti "fa di mestieri osservare, tentare, modificare le regole apprese. Non è se non se con una lunghissima pratica, e con una scrupolosissima indagine che si arriva ad essere perfetti" (Re, 1812, I, p. VIII). Con analogo sentire, Marcellino e Giuseppe Roda confessarono che il loro libro era stato "dettato appunto per segnare la via ai nostri giovani giardinieri i quali, occupandosi seriamente in un'arte che non esitiamo di classificare fra le più geniali, potranno concorrere ad abbellire maggiormente questa Italia, che è già per se stessa un giardino, creandole inesauribili dolcezze, ed in pari tempo una fonte di commercio, che col tempo potrebbe diventare importante" (Roda, 1872, pp. XIV-XV).

Epigono non solo del Re e dei Roda, ma anche di John Claudius Loudon, Willam Robinson, Eduard André, Angiolo Pucci e Dieter Hennebo, Massimo de Vico Fallani è nipote di Raffaele de Vico, il maggiore architetto paesaggista attivo nella Roma della prima metà del XX secolo. Funzionario e dirigente del Ministero per i Beni e le Attività Culturali dal 1980, ha operato presso la Soprintendenza ai Monumenti di Firenze e quella Archeologica di Roma. A lui si devono i primi rilievi della consistenza botanica di importanti giardini come quello di Boboli, studi esemplari sui giardini delle ville medicee, sui parchi pubblici fiorentini, e sul parco archeologico di Ostia, assieme a numerosi interventi di restauro che si sono distinti per la loro cura e il rispetto delle preesistenze. Tra questi ultimi non si può dimenticare il difficile recupero del parco della villa Archinto alle Forbici a Firenze tra il 1983 e il 1985. Attualmente, dopo anni di intensa attività, Massimo de Vico Fallani è passato all'insegnamento presso il Dipartimento interateneo di pianificazione territoriale e urbanistica dell'Università degli Studi di Roma La Sapienza.

Il frutto di tanti anni di appassionato impegno è condensato in questo volume, che ci consente di apprendere quali furono le tecniche colturali della tradizione italiana utilizzate nei secoli. Un volume che non sarà apprezzato soltanto dagli "amatori", ma anche e soprattutto da chi intende dedicare le sue energie alla conservazione e alla manutenzione del giardino storico italiano. In assenza di una legislazione che affidi il giardino storico a mani capace ed esperte, così come auspicherebbe la "Carta del restauro dei Giardini Storici" dell'ICOMOS dove il giardino storico è stato riconosciuto "monumento", fino ad ora si erano diffusi manuali e libretti compilati da mani inesperte della materia, o almeno non esperte tanto da competere con l'esperienza specifica acquisita dal nostro autore. Con questa garanzia non si può essere che certi della positiva fortuna del presente volume.

LUCIA TONGIORGI TOMASI
LUIGI ZANGHERI

RINGRAZIAMENTI

Desidero esprimere un ringraziamento ai vecchi giardinieri del Giardino di Boboli: Mario Tombelli (capo giardiniere), Domenico Calamandrei, Bruno Cianti, Renzo Matteini; e a Cesare Capecchi, capo giardiniere del giardino della villa Medicea di Castello, per i loro insegnamenti relativi alle tecniche di coltivazione; a Mauro Maurri e Roberto Rocchi, per i consigli relativi alle pratiche manutentive; al Professor Pierdomenico Bartoloni, che fu per molti anni direttore dell'Osservatorio per le Malattie delle Piante della Regione Toscana; al signor Silvano Baccani e all'architetto Loris Stefanini. A Giuseppe Lasco, capo giardiniere del parco archeologico del Palatino – Foro Romano; a Umberto Saudelli, capo giardiniere del Roseto Comunale di Roma, per i suggerimenti e le esperienze riguardanti la coltivazione delle rose.

Ringrazio ancora Carlo Scarchilli (Presidente), Otello Amadio (Direttore) ed i soci della Società Cooperativa Florovivaistica del Lazio, che mi hanno concretamente aiutato nella realizzazione delle esperienze pratiche, alcune delle quali rese pubbliche in questo testo.

Un riconoscimento speciale ed affettuoso al Dottor Sergio Sparacca, che ha redatto l'indice analitico di questo volume, e per i consigli preziosi e l'aiuto durante la revisione del testo.

Sono grato all'amico professor Mario Bencinvenni, insieme al quale si è impegnati da anni attorno al tema della storia e della tutela dei giardini storici, e che con la sua amicizia ha sostenuto costantemente questa iniziativa.

Sono infine particolarmente e affettuosamente grato al Signor Luciano Giugnolini, *Horti Adiutor* dell'Orto Botanico di Firenze fino alla metà degli anni '80. Egli diresse le coltivazioni di quell'importantissimo giardino per oltre 46 anni, sempre generoso con tutti, – e con me fra gli altri – di insegnamenti preziosi; mai avaro di se, orticoltore e giardiniere sapiente, il quale incarna l'ideale umano e professionale che specialmente ho cercato di porre in luce con il presente scritto.

MASSIMO DE VICO FALLANI

V'è per l'albero una speranza:
qualora venga reciso, ancor rinverdisce,
e i suoi rami germogliano;
se invecchi nel terreno la sua radice,
e nella polvere perisca il suo ceppo,
ad un vapor d'acqua rigèrmina,
e getta la chioma come quando fu piantato in principio.

(Giobbe, 13, 14)

NOTA INTRODUTTIVA

L'Italia in epoca moderna, a partire dal XIV secolo, con l'opera capitale di Pietro de' Crescenzi,[1] produsse importanti testi agrari. Fino alla prima metà del XVI secolo gli autori di tali scritti furono prevalentemente toscani ed emiliani:[2] oltre al citato de' Crescenzi, il Tanaglia, l'Alamanni, il Vettori, il Soderini, il Davanzati. Nella seconda metà del secolo, anche come riflesso delle grandi scoperte geografiche e dei cambiamenti in divenire nella sfera europea e mondiale, si assiste alle prime forme di quella che può essere in buona sostanza vista come la prima fase di industrializzazione dell'agricoltura, la quale si concentra in aree, come quella padana, dove le condizioni geografiche e idrogeologiche rispondevano maggiormente alle esigenze di una produzione programmata e più estesa. Non a caso da questo momento in poi iniziano a prevalere, nella produzione degli scritti agrari, autori di area lombarda e veneta come il Gallo (che influenzò Olivier de Serres) e il Tarello, bresciani, e Africo Clemente, padovano.

Non molti anni dopo, in periodo illuministico, quando compaiono iniziative intellettuali a difesa e sostegno di una società di carattere agricolo, con movimenti come quello dei fisiocratici, o società di miglioramento agrario come, a Firenze, quella dei Georgofili, si ebbe la ristampa dell'opera del de' Crescenzi,

---

1 De' Crescenzi, 1987, nota introduttiva s.a.: «L'autorità, la diffusione e l'influenza del *Liber ruralium commodorum*, redatto nel primo decennio del '300 dal Bolognese Pier de' Crescenzi, sono testimoniate, oltre che dai molti codici conservati nelle biblioteche europee, dalle numerose traduzioni fattene fra il '300 e il '600 non soltanto in italiano, ma anche in francese, in tedesco, in polacco e in inglese. L'utilizzazione pratica dell'opera – la prima che affrancasse l'agricoltura rinascimentale dalla dipendenza della trattatistica dell'età classica – era, evidentemente, condizionata dalla possibilità di leggerla in lingua viva. Così, non desta meraviglia il fatto che una prima versione italiana venisse pubblicata a stampa già nel 1478. Trattandosi però di lavoro molto insoddisfacente, altre ne seguirono, ispirate tutte all'esigenza di una maggiore fedeltà al testo. La migliore è concordemente giudicata quella eseguita all'inizio del secolo XVII dal fiorentino Bastiano de' Rossi ('Nferigno Accademico della Crusca); e la più autorevole edizione ne è quella stampata nel 1784 presso l'Istituto delle Scienze dell'Ateneo bolognese: edizione correttissima ed arricchita di una notizia biografica dell'autore, di cui veniva messo in luce il ruolo di fondatore e codificatore della scienza agronomica. [...]».

2 Tutti gli autori e le opere che nel testo si accennano brevemente sono specificati in bibliografia, alla quale si rimanda.

un evento molto atteso dagli addetti ai lavori coevi, che ci fa capire meglio quali fossero l'interesse e lo stato dell'arte dell'agricoltura, in un periodo durante il quale peraltro, seguendo il più generale sviluppo economico e politico, la guida in questo settore viene ormai assunta dai paesi europei di maggior rilevanza.

Negli scritti agrari, fino a questo momento, compresi gli autori antichi, orticoltura e giardinaggio erano stati per lo più trattati insieme, magari subordinando il giardinaggio all'agricoltura come oggetto di un capitolo specifico. Ma all'incirca da questo periodo in poi cominciano a comparire anche testi dedicati specificatamente al giardinaggio. Tra questi valga per tutti, già nel XVIII secolo, il celebre trattato di Dézallier d'Argenville, e poi gli altri del secolo successivo di Alphand, di André, oppure opere dedicate esclusivamente all'arboricoltura come quella del Du Breuil.[3]

In questo quadro europeo l'Italia, a partire dagli inizi del XIX secolo, conserva un ruolo originale anche grazie all'attività di importanti società orticole come, fra le altre, quelle toscana, lombarda e piemontese. È in questo periodo che da noi si assiste alla rinascita di una letteratura di trattati o manuali, non molto ponderosi, e in parte influenzati da quelli stranieri, ma di grande interesse. Questi nuovi testi, quasi tutti ristampati numerose volte in certi casi fino ai nostri giorni, ebbero un ruolo non secondario nel prolungare la vita e le conoscenze di un mestiere tanto importante.

Si riconferma anche ora la prevalenza di autori e di testi delle regioni del nord, come il Moretti-Chiolini, il Re, il Cazzuola-Nencioni, i fratelli Roda,[4] il Cappi, ai quali, tra la seconda metà del XIX e in parte nei primi anni del XX secolo, in Toscana corrisponde l'opera dei Targioni-Tozzetti,[5] dei Ragionieri[6]

---

[3] Alphonse Du Breuil (cfr. *infra*) ebbe un ruolo protagonista dell'arborizzazione di Parigi, e fondò nella seconda metà del XIX secolo la celebre scuola di arboricoltura di Vincennes.

[4] In particolare per questi protagonisti del giardinaggio italiano del XIX secolo cfr. gli atti in corso di stampa del convegno internazionale promosso dalla Soprintendenza per i Beni architettonici e Paesaggistici del Piemonte nel 2005: «Marcellino e Giuseppe Roda, un Viaggio nella cultura del Giardino e del Paesaggio». Cfr. inoltre: *Paesaggi Fluviali e Verde Urbano – Torino e l'Europa tra Ottocento Novecento*, a cura di Paolo Cornaglia, Giovanni Maria Lupo, Sandra Poletto, Torino, Celid, 2008, in particolare: M. DEVECCHI, *L'esperienza piemontese nel verde urbano tra Ottocento e Novecento*, pp. 81-85.

[5] Giovanni Targioni Tozzetti (1712-1783) medico e naturalista, fu capostipite di una famiglia di studiosi l'opera dei quali fu intimamente legata allo sviluppo scientifico ed economico della Toscana. Studiò e si laureò in medicina a Pisa. Sotto la guida di Pier Antonio Micheli si dedicò agli studi di botanica, ed i risultati ottenuti furono così rilevanti che gli succederà alla guida del Giardino botanico e come professore nel suo studio fiorentino. Con lui iniziò una vera dinastia di naturalisti, col figlio Ottaviano (1755-1826) botanico, il nipote Antonio (1785-1856) sempre botanico, il pronipote Adolfo (1823-1902) zoologo.

[6] Giovanni Ragionieri fu direttore del giardino granducale della villa Medicea di Castello a Firenze negli anni 1822-1858, ed era a sua volta nipote e figlio adottivo di Gaetano Gheri, che aveva

e dei Pucci. Tra questi però soltanto Angiolo Pucci dedicò grande parte della sua attività alla manualistica.[7]

È il periodo durante il quale Carlo Alberto, re di Sardegna, e Leopoldo II, granduca di Toscana, illuminati sovrani, ritengono di finanziare i loro migliori giardinieri per viaggi di aggiornamento quale quello dei torinesi Marcellino e Giuseppe Roda tra il 1840 e il 1843 in Austria, Germania, Olanda e Inghilterra,[8] e quello del fiorentino Attilio Pucci (padre di Angiolo) nel 1854 a Genova, Torino (dove conobbe Marcellino Roda) Chambery, Ginevra, Bruxelles, Gand, Anversa, Rotterdam, l'Aia, Leida, Amsterdam, Haarlem, Parigi, Lione.

Ma già nella prima metà del XX secolo la produzione letteraria di questo tipo subisce una contrazione: La *Botanica orticola* di Onorato Traverso,[9] i manuali degli autori Vagliasindi-Masera, Girardi-Del Lungo, e Nicolini-Maroni-Cazzanica, emergono fra gli altri pochi scritti. Oltre la metà del secolo scorso fra i testi più vicini all'idea di giardinaggio sono quelli del Susini e del Vannicola.

Questa sorta di lento declino, che in fondo rispecchia quello dell'idea stessa di giardinaggio, è tanto più patente se paragonato alla fiorente produzione letteraria europea; le sue ragioni, in parte riconducibili, in Italia, al tramonto definitivo di una società pre-industriale, sono piuttosto complesse da individuare. Fu anche il declino di una professione, della quale si trova traccia nei documenti dell'epoca, come, fra gli altri, negli scritti dei primi dello scorso secolo lasciatici da Giuseppe Baragli, fondatore della 'Società italiana di Mutua Assistenza fra i giardinieri e i fiorai', e conservati presso l'Archivio della Società Toscana d'Orticoltura, dove l'autore tratteggia con un'immagine vivida e drammatica la crisi della sua professione.[10] Gli effetti di tale degrado si

---

ricoperto tale carica, poi lasciata in eredità, dal 1790 al 1822. Il nipote Rodolfo Leopoldo Ragionieri operò nel giardino Corsi Salviati di Sesto Fiorentino dal 1844 al 1892. Attilio, figlio di Rodolfo, e fratello di Eugenio, nonostante continuasse a praticare la passione per il giardinaggio che aveva ricevuta in eredità dal padre e dal fratello, con i quali spesso lavorava al giardino Corsi, fu un importante medico e naturalista. Soprattutto Giovanni e Rodolfo furono importanti ibridatori. A loro si deve l'ibridazione di svariate piante soprattutto da fiore, dei cui esiti rendevano conto sulle riviste specializzate e sui bollettini dell'epoca, e anche con pubblicazioni specifiche.

[7] A proposito di Angiolo Pucci e dell'importante tradizione famigliare che vide protagonisti a Firenze ed in Toscana, oltre allo stesso Angiolo, il padre Attilio e il nonno Angiolo, cfr. M. BENCIVENNI – M. DE VICO FALLANI, *Giardini pubblici a Firenze dall'Ottocento ad oggi*, Firenze, Edifir, 1998.

[8] Già Carlo Emanuele III nel 1765 aveva fatto compiere un viaggio dello stesso tipo al figlio di Michel Benard, suo Direttore dei Giardini.

[9] Figlio di Giovanni Battista (Pegli, 1812-1900), che aveva impiantato e diretto per oltre cinquanta anni il giardino ed il parco di villa Pallavicini, Onorato Traverso visse ed operò a Roma, come direttore tecnico dell'Orto botanico di largo Cristina di Svezia; fu per un breve periodo anche direttore pro-tempore dei giardini pubblici di Roma, e fra i primi professori della Scuola giardinieri romana.

[10] *Raccolta*, 1920, pp. 28-31: «Desidero far conoscere a voi le ragioni principali che hanno portato alla decadenza del nome del Giardiniere. Prima del '59 padrone e giardiniere erano una sola

riconoscono inevitabilmente anche nel settore formativo coevo, e non a caso il secolo scorso vide chiudere o trasformare le più importanti scuole fino ad allora attive di quel settore, come, in ambito tosco-laziale, quella di Pomicoltura a Firenze, e, più tardi, quella del Comune di Roma.

Indipendentemente dalle motivazioni di tale progressiva regressione, nessuna delle importanti scuole di oggi, fra le quali emergono per eccellenza quella agraria del Parco di Monza (dal 1956) e quella professionale della Fondazione Minoprio (dal 1962) – l'importanza e i meriti delle quali è nota agli addetti – sembrano poter competere con quelle scomparse nel campo dell'*Artigianalità*, categoria umanistica, il cui concetto, com'è noto, almeno fino all'estetica Burkiana, e a partire dalla Grecia antica, coincideva con quello di Arte, e che nella società industriale, come riconfermò tra gli altri Carlo Marx, è sostituita in molti i settori della produttività umana dalla tecnologia, che ha alienato il lavoratore dal suo prodotto, disumanizzandolo.

La nascita dell'interesse per il giardino quale valore attinente alla sfera storica ed artistica, e per la sua conservazione, trova una data di riferimento ufficiale nel 1980, anno durante il quale, a Firenze, sotto l'egida dell'ICOMOS (International Council for Monuments and Sites) diversi studiosi da varie nazioni si riunirono in un convegno che aveva per tema i piccoli giardini urbani, ma che tendeva all'obbiettivo ben più ambizioso di formulare, nella scia di altri esempi riferiti al patrimonio dell'Arte e della Storia, una 'Carta del restauro dei giardini storici'.[11]

A questo periodo va ricondotta la nascita di un nuovo interesse per i giardini storici, sostenuta anche dal parallelo progredire dell'interesse per le questioni naturalista ed ecologista, anche a seguito delle quali si assistette al sorgere di esperienze didattiche isolate di scuole professionali, alcune delle quali,

---

persona, si compiacevano l'uno dell'altro e molte ore della giornata venivano passate assieme nel giardino, dentro le serre, a parlare di novità di piante o progetti attinenti all'arte nostra. [...] La venuta della Capitale a Firenze ha servito ad un'evoluzione trasformatrice di tutta la nostra città [...] fu proprio in queste trasformazioni che fu eretta in pochi anni una quantità di ville, villini, palazzi, passeggi pubblici [...]. I possessori dei medesimi [...] erano di diverse gradazioni, ricchi, semiricchi, come di diverse specie, [...] tutto un miscuglio di razze e di idee. [...] I giardinieri dei medesimi sono stati fatti a colpo come le fotografie istantanee. Sono divenuti giardinieri camerieri, cuochi, servitori di tutte le razze, e quella che ha fornito il grosso del contingente sono stati una falange di giovani contadini che hanno lasciato il vomero e si sono presentati sotto le spoglie di giardinieri; [...]. I possessori di questi improvvisati giardinieri ne hanno fatto un eruà (*sic!*) nei loro salotti e ritrovi come un'araba fenice, [...] perché quando [...] si presenta l'occasione di possedere un giardiniere a metà prezzo che oltre per il giardino se ne servono per tutti gli occorrenti bisogni [...] sfido io! Chi non si rivolge da quella parte»?

[11] Cfr. *Il Giardino storico, protezione e restauro*, a cura della Giunta Regionale della Toscana, Firenze, Nuova Grafica fiorentina, 1987; *Tutela dei Giardini Storici, bilanci e prospettive*, a cura di Vincenzo Cazzato, Roma, Arti Grafiche NEMI, 1989.

come quella per giardinieri addetti alla manutenzione dei giardini storici del CEFME (1990) e quelle della Regione Lazio – con ulteriori specializzazioni nel settore dei parchi archeologici – (dal 1990 al 1995) non furono adeguatamente sostenute dalle istituzioni e non ebbero il seguito che avrebbero meritato a misura della loro qualità.

Esse avevano il merito di ispirarsi al concetto del giardiniere-artigiano, concetto che oggi, con maggior ragione, sembra riproporsi quale nodo centrale della questione del giardinaggio.

Il recente rinascere dell'interesse per il tema dei giardini e del paesaggio, contiguo ad altri temi più classici delle scienze naturalistiche ed umanistiche, ha poi coinvolto progressivamente a diversi livelli le università italiane, con l'istituzione di corsi di laurea specialistici, alcuni dei quali molto significativi ed utili per le professionalità superiori, anche se in pochi di quei casi il giardinaggio sembra avere un ruolo adeguato, o averlo affatto. Come un attraente simposio ove sia assente l'ospite principale.[12]

Questo scritto non vuol essere altro che un approfondimento pratico dei concetti espressi a sostegno dell'identità umanistica del giardino, che non può essere ignorata da chi, a qualsiasi titolo, abbia a che fare con la sua manutenzione.

In tal senso esso non aspira ad un'utopica completezza. Per quanto concerne la cura dei giardini, specialmente se storici, i manuali riguardanti questa materia sembrano tanto più densi di significato quanto più riescono a tratteggiare l'idea del giardino antico quale 'sistema' naturalistico, composto da elementi che sono interconnessi da un'interazione biologica (pur se necessariamente sostenuta dall'intervento antropico) del tutto simile a quella naturale, e che, sotto tale aspetto, lo rende virtualmente autosufficiente.

Interessa valorizzare tali aspetti. Smontando in parti semplici il sistema che governa il giardino e cercando di capire com'è fatto al suo interno, quali siano i suoi principî filosofici, sarà possibile acquisire il discernimento e l'autonomia culturale per scegliere di volta in volta in maniera creativa procedure e strumenti più adatti a mantenere l'efficienza del giardino, ritrovando per quanto possibile il contatto con la tradizione e la natura, a tutela dei suoi fondamentali valori umanistici ed ecologici.

---

[12] In questo 2009 è stato attivato a Firenze, a cura dell'Associazione culturale 'Paesaggi e Giardini', un corso per giardinieri qualificati con specializzazione in giardini e parchi storici, diretto da Litta Medri, progettato da Tiziana Grifoni, corso che sembra nascere con gli ideali delle scuole antiche e con i requisiti che lo rendono adatto alle esigenze contemporanee. Dalla stampa appare anche la notizia che verrà riaperta la Scuola comunale giardinieri di Roma (ma non nella sua sede originale).

Sotto tale profilo l'atteggiamento nei riguardi dei ritrovati della tecnologia, in attesa di verificare nel tempo la loro efficacia e la loro durata, può esser prudentemente critico. L'esperienza dimostra che non sempre i prodotti commercializzati – spesso da grandi società multinazionali – sono all'altezza della qualità che viene pubblicizzata. Tali prodotti per contro tendono non di rado a svuotare il giardino della sua precipua identità culturale.

Per questo motivo, tra gli altri, si esclude la discussione del vasto capitolo riguardante la produzione delle piante, ma non quella che concerne il vivaio interno al giardino, parte integrante del sistema cui si accennava. Nonostante la sua importanza, non verrà discusso a fondo nemmeno il tema, fin troppo specifico, della cura delle piante, anche questo da considerare con attenzione critica in ordine ad affidabili e stabili possibilità di successo. Peraltro va detto che in questo campo i sistemi antichi non erano certo più validi di quelli odierni, con l'unica eccezione di quella cura mai vana di aumentare la forza e la resistenza delle piante per mezzo di una costante ed efficace manutenzione.

Una manutenzione commensurata a tale interpretazione del giardino permette di ottenere alcuni risultati: rispetto della storia e dell'ambiente, e, grazie all'accresciuta attività manuale, maggiore accuratezza e incremento qualitativo dell'impatto sulle piante.

Diceva ancora nell'Ottocento il Cavalier Filippo Re: «Un buon giardiniere è un tesoro. Io ne ho conosciuti pochissimi» (Re 1864^5).

Reperibilità e formazione della manodopera specializzata, certamente più difficile oggi che ai tempi di Filippo Re, costituiscono alcuni dei più preoccupanti problemi per la buona gestione e conservazione dei giardini storici, anche perché, quanto alla sua originale identità, tale figura artigianale sembra confliggere con i requisiti posti dall'economia odierna nel contemporaneo rapporto di lavoro.[13] Non è un caso che il circolo virtuoso sviluppato attorno all'esperienza delle scuole regionali, alle quali si è accennato (cfr. *supra*) e che vide attorno agli anni Novanta dello scorso secolo la formazione di piccole società di giardinieri, poi impiegati con qualitativi risultati nella manutenzione dei parchi archeologici romani tra il 1990 e il 1995, fu dapprima ostacolato, infine reso vano dalla recente legislazione sui lavori pubblici (o almeno dal modo con cui venne interpretata ed applicata).

---

[13] Per la conoscenza di questo tema si segnala CAZZATO, 2009, che in due volumi, per complessive 1158 pagine, rende pubbliche le biografie di architetti, giardinieri, botanici, committenti, letterati e altri protagonisti del giardino italiano tra il 1750 ed il 1940.

IL VERO GIARDINIERE COLTIVA IL TERRENO

Tecniche colturali della tradizione italiana

TERRENO

> Ora, se guardo le cose più da vicino, vedo che il vero giardiniere non è uno che coltiva i fiori, ma uno che coltiva il terreno ... Se entrasse nel giardino dell'Eden, annuserebbe l'aria tutto eccitato e direbbe: – Dio buono, che *humus*!
>
> (Karel Capek, riportato da J. GRANT, 1949, p. 36).

Tutte le notizie riguardanti il terreno hanno un valore fondamentale, perché permettono di evitare errori in uno degli aspetti decisivi per la vita e la riuscita del giardino. Per le piante l'importanza del terreno è tale che la conoscenza degli aspetti che lo riguardano deve essere messa al primo posto soprattutto quando, come nel caso di un giardino storico che non sia stato adeguatamente curato, la bontà originale di un terreno corre il rischio di essere completamente annullata dal trascorrere del tempo.

L'apparato radicale svolge per la pianta una funzione di sostegno e una nutritiva. Un terreno sarà tanto più buono quanto più in grado di soddisfare al meglio tali esigenze; cioè da un lato dovrà essere sufficientemente compatto e resistente per sostenere con sicurezza la pianta, ma dall'altro poroso e soffice abbastanza da garantire, con il passaggio dell'ossigeno e dell'acqua, lo svolgersi dei processi biochimici vitali. Poiché tali obbiettivi premettono requisiti molto diversi tra loro, un buon terreno non sarà tanto quello che dispone di valori unitari individualmente elevati, quanto quello che offre il medio ottimale dell'insieme di tutti i diversi valori.

In generale un terreno in grado di fornire il migliore *habitat* alle piante è quello che possiede tutti gli elementi compositivi in quantità e valore equamente distribuito; tuttavia si può dire, con riferimento ai giardini, che lo scheletro del terreno, cioè quella parte di detriti più grossolani composti da pietre e ciottoli compresi tra 10 e 2 cm di diametro, deve essere sempre molto contenuto rispetto alla terra fina,[1] e che comunque, durante le diverse lavorazioni,

[1] La terra fina si compone di elementi che vanno da 2 a 0,002 cm di diametro, e comprende sabbia grossa, sabbia fina, limo e sostanze argillose.

si deve continuamente effettuare la bonifica da pietre e ciottoli, i quali, peraltro, costituiscono un'utile riserva di materiale costruttivo per opere rustiche accessorie da eseguire a secco, come macère o muretti di divisione, ma anche per la formazione di magisteri murati come scoglierette, acciottolati, pavimentazioni stabilizzate ecc.

Il terreno è un impasto costituito da quattro categorie fondamentali di elementi: quelli derivati dallo sgretolamento delle rocce di qualsiasi tipo; quelli derivati dalla trasformazione dei residui organici (prevalentemente vegetali), quelli liquidi e quelli gassosi. Tutti questi elementi, insieme, entrano nella composizione di un terreno: pensando a quanto ciascuno di essi, preso singolarmente, possa diversificarsi chimicamente e fisicamente all'interno della propria categoria, si può immaginare quante possibili configurazioni assume un terreno e quanto sia difficile avere un'idea sintetica delle sue caratteristiche.[2]

Nella grande maggioranza dei casi non esistono in natura elementi individualmente dannosi per la fertilità di un terreno, e qualsiasi componente, di per sé, è in grado di offrire un contributo utile, a patto che, come accennato, la sua presenza non ecceda di molto o non sia di troppo inferiore ai quantitativi percentuali ottimali.[3]

Se sotto molti punti di vista la sabbia è un componente prezioso, una sua presenza in eccesso renderebbe troppo permeabile e sciolto il terreno, aumentando il tenore di acidità e conferendogli il caratteristico colore grigiastro: un terreno simile, non trattenendo l'acqua e asciugando troppo in fretta, causerebbe la dispersione degli elementi nutritivi (soprattutto dell'azoto). Anche l'argilla è un componente essenziale, ma se la sua presenza supera il 25% del volume, si ha un impasto compatto e asfittico, molto difficile e duro da la-

---

[2] Un terreno generalmente adatto alle coltivazioni è costituito anche da una certa quantità d'acqua che è sempre presente nelle particelle terrose, veicolo dei sali nutritivi, e di una parte gassosa, cioè dell'aria che occupa i vacuoli rimasti liberi grazie alla quale è resa possibile la respirazione dell'apparato radicale e lo scambio gassoso dei microrganismi.

[3] In Moretti – Chiolini, 1840^{2}, pp. 55-65, viene riportata una formula ritenuta ottimale per l'impasto medio di un terreno: «Ora l'osservazione e l'esperienza dimostrarono, che fra le tante maniere di loro combinazione avviene una migliore di tutte, la quale deve servire di regola ogni volta che per mezzo di miscugli bramasi comporre una terra che goda della massima fertilità meccanica. Si suole denominarla terra normale. In essa prosperano 98 alberi e piante tra cento di piena terra de' climi temperati. La terra normale sottoposta all'analisi dal signor Payeu, constava:

di 57 cent. di argilla sabbiosa.
di 33 cent. di argilla fina.
di 7,4 cent. di quarzo sabbioso e in frammenti.
di 1 cent. di piccole pietruzze di calce carbonatica.
di 0,6 cent. di polvere fina di calce carbonatica.
di 0,5 cent. di frantumi legnosi.
di 0,5 cent. di terriccio solubile nell'acqua fredda».

vorare. Essendo poco o punto permeabili, questi terreni ritengono l'acqua, subendo un aumento di volume durante il periodo delle piogge, che poi, nuovamente contratto a seguito delle calde temperature e delle evaporazioni estive, provoca estese lesioni superficiali spesso anche molto profonde. La terra si stringe attorno alle radici riducendone le capacità respiratorie con il rischio di asfissia.[4]

Tale concetto di quantità proporzionale vale per la stessa acqua, ed è addirittura incredibile riscontrare quanto numerosi siano i casi di piante morte a causa di eccessivi innaffiamenti somministrati da giardinieri timorosi di vederle seccare.

Altro elemento che non deve mancare per la fertilità di un buon terreno è il calcare,[5] che però deve essere presente in percentuali molto ridotte, perché se supera il 5% tende a reagire chimicamente con altre sostanze inibendo la loro efficacia per la nutrizione delle piante. I terreni calcarei sono di colore biancastro, hanno un aspetto grossolano e tendono all'aridità; il loro potenziale idrogeno (pH) raggiunge valori superiori a 7 e quindi si tratta di terreni basici.

Queste caratteristiche, alle quali il giardiniere deve porgere molta attenzione durante la lavorazione del terreno, sono indicazioni utili per la scelta delle piante da coltivare, o, quando questa scelta fosse obbligata, permettono di programmare il piano delle lavorazioni e delle trasformazioni fisico-chimiche del terreno in modo che possa accogliere, ad esempio, vegetali acidofili come le camelie o le azalee senza provocare in essi danni irreparabili.

Sabbia, argilla, calcare, non bastano da sole a costituire un terreno fertile se manca la sostanza organica, alla quale spetta il compito proprio di nutrire la pianta; il suo ruolo quindi è essenziale. Essa deriva da sostanze animali, ma soprattutto da quelle vegetali che, depositate sul suolo, si decompongono per l'azione dei microrganismi sempre presenti nei terreni trasformandosi in *humus*, terriccio naturale per eccellenza; di colore scuro, con reazione leggermente acida, soffice e poroso, l'*humus* è in grado di assorbire acqua e sostanze nutritive per cederle poi nella forma più assimilabile dagli organi nutrizionali dei vegetali. Anche questa sostanza, così preziosa per la vita della pianta, non

---

4 Pucci, 1983[12], pp. 9-11: «... nei terreni troppo argillosi le piante arboree hanno un lento sviluppo e quelle erbacee soffrono per la prolungata umidità nell'inverno o per il soverchio asciuttore in estate, specialmente nei terreni in pendenza. Non hanno questi inconvenienti certi terreni argillosi speciali, quelli cioè galestrosi, perché questi terreni sono più fertili e favorevoli a molte piante».

5 È costituito prevalentemente da calcite ($CaCO_3$), e può essere di origine autoctona, se generato da organismi costruttori, o per depositi di gusci o esoscheletri di invertebrati, o per deposizione di acque calcaree (come nel caso dei travertini); oppure alloctona, quando derivano dal semplice accumulo di detriti o da resti animali calcarei.

deve trascurare la legge della proporzione percentuale, e non deve essere né troppo inferiore né troppo superiore al 6-8%.[6]

Soprattutto quando si ha a che fare con un giardino antico – anche nel caso in cui la scelta del terreno sia stata a suo tempo la migliore possibile – la prima cosa da fare è analizzare la qualità e lo stato fisico del terreno. Infatti in questi casi il lungo tempo trascorso lo può aver eccessivamente compattato rendendolo asfittico e impermeabile alle irrigazioni, mentre l'ordinaria inesistenza – nei giardini – di rotazioni orticole, modifica e inaridisce la struttura chimica dell'impasto, che ad opera delle piante viene impoverito sempre delle medesime sostanze nutritive.

La conoscenza del terreno con il quale si ha a che fare è indispensabile per la programmazione delle lavorazioni, che a loro volta determinano la qualità della vita e la salute dell'impianto.

Tuttavia anche in questa materia non è facile sapersi orientare con sicurezza nell'insieme delle numerose informazioni che spesso generano confusione.

Il potenziale idrogeno,[7] da cui dipende il grado di acidità delle soluzioni, è uno degli aspetti che più vanno tenuti in considerazione e rispettati, perché condiziona la crescita delle piante. I terreni in zone fredde e umide che hanno subito con il tempo un costante processo di dilavamento, perdendo via via elementi basici come il magnesio, il potassio, il sodio, e soprattutto il calcio, sono terreni acidi: quando in natura vediamo prevalere colonie di erica, calluna, equiseti, mirtilli, sovrastate da abeti e faggi, si può esser certi che abbiamo a che fare con questo tipo di impasto, a prevalenza silicea. Qui, o in terreni consimili, sarà possibile coltivare rododendri, azalee, camelie, gardenie. Ma se vediamo dominare la piantaggine, il timo, la ginestra e in genere tutte le leguminose, tra grandi querce e cipressi, quello sarà un terreno alcalino, cioè un terreno asciutto, dove l'intensa evaporazione ha reso insolubili elementi come il boro, lo zinco, il rame, il ferro e il fosforo per l'azione degli ioni di calcio e magnesio. I sali di questi elementi, accumulandosi in superficie, sono un indice del tipo di piante da coltivare in tali terreni, generalmente a dominanza calcarea.

---

[6] Essenzialmente l'azione biochimica dei microrganismi contenuti nell'*humus* si svolge decomponendo il carbonio in anidride carbonica, la quale è necessaria alle piante per attivare il processo di fotosintesi clorofilliana, per mezzo della quale, a sua volta, dall'anidride carbonica si riproduce ossigeno.

[7] Il Potenziale Idrogeno, espresso dal valore di pH, indica la presenza di ioni H+ scambiabili. Al disotto del valore medio 7 che indica neutralità, si è in presenza di acidità del terreno, al di sopra di alcalinità. Non si conoscono ancora a fondo le influenze dirette del pH sulla crescita delle piante; tuttavia il suo valore condiziona nettamente l'accrescimento perché stabilisce il grado di utilizzazione degli elementi nutritivi da parte degli organismi vegetali, perfettamente riscontrabili dal tipo di vegetazione che prospera in un terreno.

Più in generale è possibile avere informazioni sulla natura di un determinato terreno osservando la specie delle piante spontanee che crescono in una data zona: dove vediamo l'acetosella (*Oxalis acetosella*) e il trifoglio giallo (*Anthyllis vulneraria*) avremo terre sabbiose: oltre alla piantaggine già citata, l'equiseto (*Equisetum arvense*) è indicatore di terreni umidi e argillosi, mentre in quelli calcarei cresce la lupinella (*Onobrychis sativa*) e la cosiddetta erba querciola (*Teucrium chamædris*). Un sistema facile per avere una prima idea della natura chimica di un terreno consiste nel far cadere sopra un po' di terra asciutta e polverizzata alcune gocce di limone o di aceto: se il terreno è alcalino avremo un'effervescenza, per la reazione della sostanza basica con quella acida.[8]

Anche se l'esperienza è di grande aiuto nell'individuare le caratteristiche fisiche e chimiche del terreno, tuttavia non sempre è bene fidarsene del tutto, e quindi l'idea che ci siamo fatta empiricamente va confrontata e verificata con i risultati di una buona analisi agraria, per la quale ci si può rivolgere agli appositi istituti e laboratori specializzati. Spetta però a noi la presa dei campioni da sottoporre ad analisi, ed in questo dobbiamo essere molto prudenti, perché, non potendo ovviamente sottoporre ad esame l'intero terreno, il grado di affidabilità delle prese condiziona in modo determinante la qualità dei risultati. Infatti, pur nell'ambito di una generale tendenza all'omogeneità, cause molto diverse tra loro – non escluse quelle antropiche – fanno sì che terreni anche non molto estesi possano avere profonde difformità tra settori diversi.

Se si vuole avere una risposta valida per l'intero compendio si procede suddividendo il terreno in un certo numero di settori di forma pressoché quadrangolare, ed in ognuno di tali settori si effettuano almeno cinque prese, una al centro e quattro periferiche. Alcuni manuali insegnano che la presa si deve effettuare ad una profondità di dieci-trenta centimetri dal piano di campagna; però è preferibile effettuare sempre una doppia presa, affiancando alla prima, da considerare di superficie, un campione prelevato almeno ad un metro e mezzo di profondità: infatti bisogna considerare l'importanza che nel funzionamento di un terreno, oltre al suolo vero e proprio, svolge il sottosuolo. Accade spesso che ad un buon suolo, permeabile e ricco di *humus*, succeda uno strato sottostante di cattiva qualità, freddo e impermeabile; tale situazione potrebbe non essere svelata da campioni superficiali, e porterebbe verso insuccessi quasi certi.

---

8 Per queste notizie cfr. VANNICOLA, 1961, p. 20.

Queste considerazioni sono alla base delle lavorazioni necessarie per mantenere un terreno fertile. Basta comprenderne il vero significato e l'obbiettivo comune per acquisire quella capacità di giudizio che, affrancandoci dalla dipendenza dalle regole, ci permetterà, con l'insostituibile aiuto dell'esperienza, di valutare caso per caso la scelta più appropriata, e di capire quando l'eccezione e la modifica della regola torni più vantaggiosa della sua pedissequa applicazione.

Dunque le lavorazioni del terreno, che più avanti esamineremo da vicino, possono essere definite anche come ciò che l'uomo fa per contrastare il processo di inaridimento indotto sul terreno dal trascorrere del tempo, dagli agenti meteorici e meccanici, dalla pressione atmosferica e dalla sottrazione dei microrganismi. Si tratta di un lavoro paziente e incessante, di una silenziosa lotta impegnata giorno per giorno ma mai definitivamente vinta, che è all'origine dell'immagine drammatica dell'uomo legato alla terra madre da cui trae con fatica il quotidiano sostentamento.[9]

A fronte di questa condivisa finalità funzionale delle lavorazioni del terreno sta una densa molteplicità delle tecniche esecutive come mera espressione delle necessità pratiche d'esecuzione. Una cosa è, ad esempio, l'ambito manutentivo, dove si deve *ri*-costituire un terreno che già aveva la giusta composizione, ma che è stato impoverito dalla costante sottrazione di determinati nutrienti; altra cosa è il rendere fertile per la prima volta un terreno vergine destinato ad accogliere un nuovo impianto. Soprattutto in quest'ultimo caso, stante l'ampia variabilità degli impasti che si trovano in natura, l'obbiettivo potrà essere raggiunto con tecniche spesso molto diverse tra loro.

Si è sviluppata nel tempo e nelle diverse regioni una ricca tradizione di pratiche colturali, attrezzi e metodiche specializzate strettamente funzionali alle usanze, al clima e alle abitudini locali, corrispondente ad un vero e proprio sistema di ordini d'intervento, a partire dal dissodamento, passando attraverso l'erpicatura e fino alla sarchiatura.

Il termine 'dissodamento' si riferisce concettualmente a quella serie di operazioni per mezzo delle quali, come dice la parola stessa, ci prefiggiamo di

---

[9] Particolarmente vivida e drammatica, a proposito delle condizioni di vita dei contadini nella Francia del XVII secolo, la riflessione di Giovanni La Bruyère, in *Moralisti Francesi*, scelta e traduzione a cura di Fausto M. Bongioanni, Milano, Garzanti, 1943, pp. 53-54: «Si vedono certi animali feroci, maschi e femmine, sparsi per la campagna, neri, lividi e cotti dal sole, attaccati alla terra che vanno scavando e rimovendo con invincibile ostinazione: hanno qualcosa di simile ad una voce articolata, e, quando si levano ritti in piedi, mostrano un volto umano: e davvero sono esseri umani. Si ricoverano la notte in certe tane, dove vivono di pan nero, d'acqua e di radici. Risparmiano agli altri uomini la pena di seminare, di coltivare e di mietere per vivere e così meritano di non venir privati di quel pane che han seminato».

eliminare la sodezza del terreno. Spesso il trascorrere del tempo, anche a causa dell'inesorabile distacco dalle nostre origini contadine, è causa di una perdita di memoria che appiattisce, impoverendola, la proprietà del linguaggio. Così, ad esempio, una parola come *dissodamento* viene a volte erroneamente utilizzata male o confusa con i termini vangatura, aratura, ecc.

Ascoltiamo invece, l'efficace definizione del significato di dissodamento data nel Moretti-Chiolini:[10]

> Tutti gli spazi non occupati con viali, sentieri ed altri cammini vogliono del pari essere dissodati ad una certa profondità, onde le radici delle piante facilmente penetrino nella terra a succhiarvi il loro nutrimento. I principii nutritivi che tanto influiscono alla buona vegetazione, vengono sciolti dalle acque e trascinati a qualche profondità entro il suolo, su cui queste cadono o scorrono. Ove già da gran tempo la terra non sia stata smossa, sarà dunque bisogno di andarla a cercare ricca di tali principii alla profondità di 4, 5 dm ed anche più e portarla alla superficie. Questo [...] è uno de' principali fini del dissodamento, ma ve ne ha delli altri: p. es., se il suolo contiene dei rottami, dei sassi; se non ha molto che vi fu svelto un bosco, una foresta, e vi rimasero delle radici; finalmente se esso racchiude de' corpi stranieri nocivi o inutili alla vegetazione, egli è dissodando che si possono estrarre, col mezzo anche del vaglio e del graticcio, quando giovi prevalersi di siffatti strumenti. Si approfitta pure del tempo in cui si eseguisce questa operazione necessaria per correggere la natura del suolo, ove ne abbisogni, mischiandovi in debite proporzioni l'argilla, ovvero la sabbia secondo che è mestieri di renderlo più compatto o più sciolto.
>
> Il dissodamento può farsi in qualunque stagione; ma suol farsi preferire l'autunno, perché la terra disponesi favorevolmente, matura, come si dice, durante l'inverno e rendesi idonea a ricevere le varie sementi nella successiva primavera.

Quindi il dissodamento riguarda soprattutto le lavorazioni profonde del terreno, quelle che lo rivoltano per uno strato variabile da almeno trenta fino a centocinquanta centimetri di profondità. Di norma queste operazioni si eseguono per mezzo dell'aratro (soprattutto in agricoltura) e con la vanga (negli orti e nei giardini, per i quali esiste un tipo speciale di tale utensile). Quindi si potrebbe dire: «Ho dissodato il mio terreno arandolo, oppure vangandolo a profondo» ecc., ma non il contrario.

Seconda fondamentale lavorazione, nell'ordine, è l'erpicatura. Anche questa, eseguita anticamente con una sorta di telaio dentato in ferro o in legno che veniva trainato dai buoi sul terreno dissodato, riguarda prevalentemente l'agricoltura. Suo fine è quello di sminuzzare le grosse zolle formate dall'aratro per perfezionarne la capacità di assorbimento e renderle più soffici; ma ha an-

---

[10] Moretti – Chiolini, 1840², pp. 85-90.

che l'effetto secondario di contribuire alla distruzione delle erbe infestanti e, spianandolo, di rendere il terreno più praticabile. In agricoltura si esegue, come detto, con l'erpice, ma nei giardini e negli orti piuttosto con diversi tipi di rastrello. Il suo rapporto con il dissodamento è quindi di successione temporale: l'erpicatura segue il dissodamento, mai lo precede, e non dovrebbe essere eseguita senza che il primo sia stato effettuato, anche se, soprattutto nei giardini e negli orti, in alcuni casi si eccede a questa ultima regola. Successione temporale non vuol dire in questo caso affinità tipologica, perché, a ben vedere, con l'erpicatura, che è una lavorazione superficiale tendente a migliorare a perfezionare un lavoro già eseguito, la terra non viene rovesciata né trasportata, e perciò non siamo più nel dissodamento vero e proprio. È vero però che l'una completa l'altro, ed insieme costituiscono il sistema di operazioni preposte prevalentemente tanto ai nuovi impianti quanto ai reimpianti; vengono svolte annualmente per colture specifiche come quella della rosa, e con le rotazioni pluriennali delle quali abbiamo parlato garantiscono, per la loro parte, il mantenimento della fertilità del giardino.

Terzo caposaldo delle opere di lavorazione del terreno è la sarchiatura: suo scopo precipuo è di nettare dalle erbe il terreno già posto a coltura. Quindi anche qui, dal punto di vista temporale, successione rispetto all'erpicatura, e, ovviamente, al dissodamento; ma al tempo stesso va ricordato che qui siamo in giardini già impiantati e abbiamo a che fare piuttosto con la manutenzione ordinaria. Inoltre il livello d'intervento è ancora più superficiale, tanto che il terreno viene smosso soltanto indirettamente, come effetto del lavoro che si fa per l'eliminazione delle erbacce. Strumenti propri di questa lavorazione sono la zappa ottusa (per le grandi superfici) e il sarchiello (per aiuole o piccole superfici).

Parliamo ora più in dettaglio del dissodamento, che interessa il terreno fino a un metro o addirittura un metro e mezzo di profondità, e che, per la sua generale importanza, è l'azione cui spetta la maggior attenzione descrittiva. Di norma riguarda i giardini di nuovo impianto, ma diviene necessaria nei casi di interventi di manutenzione straordinaria o di restauro in giardini antichi, quando siano talmente malridotti da dover essere sottoposti ad un severo rinnovamento di piante e terreno.

Come già detto, la pressione atmosferica e lo stesso peso fisico delle terre e delle piante nel loro complesso sono tali che in pochi anni solamente una parte molto ridotta del terreno fornisce ancora alle piante l'ambiente necessario per una buona qualità di vita. Un giardiniere consapevole dell'importante beneficio di questa lavorazione di fondo non trascura di praticare ogni anno, a lotti, una porzione per volta, il dissodamento del proprio giardino, secondo un programma che lo porterebbe a completare la turnazione in un arco di tempo variabile dai cinque ai dieci anni, mantenendo così sempre fertile il terreno.[11]

Mentre il dissodamento di estesi campi agricoli si effettua per mezzo dell'aratro, – e questo sistema può essere adottato con vantaggio anche nei parchi di stile inglese, quando si abbiano grandi superfici da sistemare a prato naturale, o che potrebbero anche essere messe a coltivazioni produttive –[12] nel caso degli orti, e nel nostro dei giardini, il dissodamento si esegue invece per mezzo della vangatura. Le lavorazioni eseguibili con la vanga sono diverse, ma quelle principali sono tre, a seconda della profondità, che, rapportata al modulo della lama, si dice a una, a due o a tre *fitte*, corrispondenti circa a trenta, sessanta e novanta centimetri (Figg. 1, 2, 3). Di queste tre, la prima è detta vangatura semplice, le altre rispettivamente vangatura doppia e tripla; anche se davvero faticose, la loro efficacia è tale da farle preferire a qualsiasi altra operazione meccanica. Appunto parlando di profondità, sottolineo che questa è funzione di due variabili: lo spessore del terreno cosiddetto coltivabile (suolo) rispetto al sottosuolo,[13] e il tipo di piante che si devono porre a dimora: così, ad esempio, se il sottosuolo si trova a trenta-quaranta centimetri di profondità, non è opportuno dissodare più a fondo, perché si correrebbe il

---

11 Vedere queste lavorazioni in corso in un giardino, così come pure vedere le piccole piante di rinnovo accanto a quelle vecchie, non soltanto non è disdicevole, ma fa parte confortante dell'immagine di un giardino ben tenuto.

12 È, fra gli altri, il caso degli Scavi di Ostia Antica, dove, fra l'area archeologica monumentale vera e propria (sistemata a parco attorno agli anni Cinquanta da Raffaele de Vico riprendendo un precedente progetto di Michele Busiri Vici) e i confini dell'area demaniale, gli estesi campi sono concessi in uso ad un agricoltore privato che li coltiva a rotazione di foraggere quali erba medica, trifoglio, lupinella, ecc., il che rappresenta un consistente contenimento delle spese di manutenzione e inserisce armonicamente nella campagna circostante l'insieme del complesso paesistico-archeologico di Ostia Antica. In questa zona, sullo sfondo dei pini piantati nel '50, esistono diversi esemplari sparsi di *Ficus carica*, mai potati, che hanno assunto una forma cupolata di elevata qualità figurativa, e che per tale motivo vengono lasciati nel loro stato inselvatichito.

13 Esistono diverse opinioni su questo argomento, cioè sulla vera natura del sottosuolo e del suo rapporto con la parte superiore coltivabile: cfr. tra le più efficaci quella riportata in: PUCCI, 1983[12], pp. 10-11: «Ogni terreno, comunque sia costituito, in rapporto alle colture può considerarsi come diviso in due strati, cioè suolo e sottosuolo. A che profondità cessa il suolo e comincia il sottosuolo? secondo alcuni il sottosuolo comincia dal punto ove il terreno è di natura mineralogica diversa da quella degli strati superiori cioè dal suolo. Ma noi ci atterremo alla definizione del Cuppari secondo il quale il sottosuolo è lo strato del terreno immediatamente sottoposto a quello in cui si espandono le radici delle piante. Il suolo invece è quello strato di terreno, variabile nello spessore, che ha subìto o subisce l'azione dei lavori, dei concimi e della vegetazione. Quasi sempre il sottosuolo ha una grande influenza per modificare le condizioni del suolo a seconda del suo grado di permeabilità. Infatti un sottosuolo formato da ghiaie o sabbia grossolana diminuisce i difetti di un suolo compatto, favorendo lo scolo delle acque; invece un sottosuolo argilloso rende migliore il suolo soverchiamente sciolto trattenendo le acque e quindi mantiene il suolo stesso in un giusto grado di umidità. Quando il sottosuolo è compatto e specialmente nei casi in cui il suolo ha poco spessore ed anche questo è di natura impermeabile, è necessario nelle piantagioni degli alberi migliorarlo con le fognature».

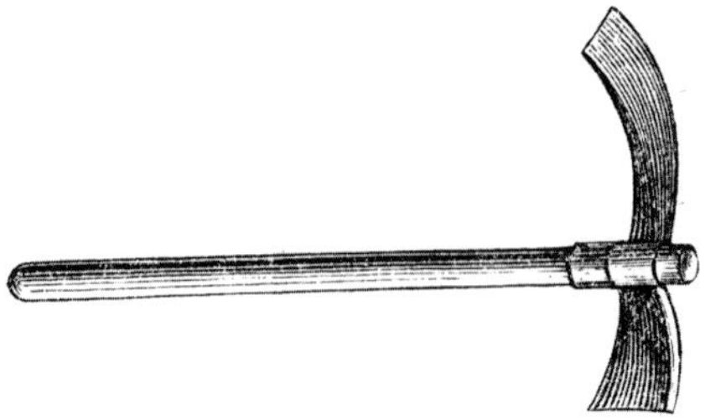

1. Accetta o piccone per il dissodamento di terreni compattati, tufacei o ghiaiosi (Cappi, 1897).

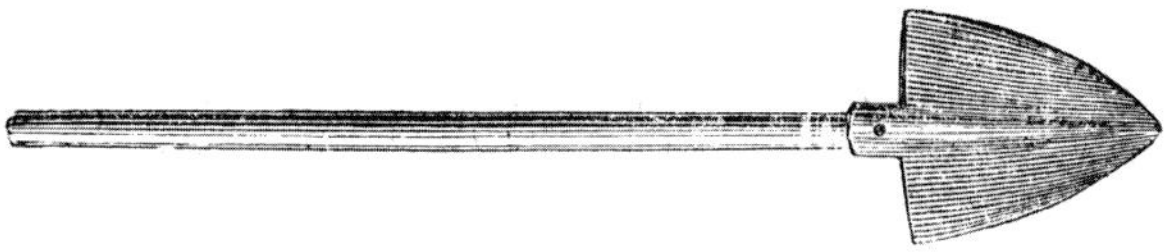

2. Vanga a punta necessaria per i terreni sassosi (Cappi, 1897).

3. Vanga quadrata per terreni esenti da pietre e ciottoli (Cappi, 1897).

rischio di portare in superficie strati di terra sterile; in ogni caso bisogna sempre sapere se l'apparato radicale delle piante scelte ha un andamento verticalizzante (*Cupressus sempervirens*) o invece, come nel caso dei pini, si allarga orizzontalmente, rimanendo piuttosto in superficie. Tuttavia non dimentichiamo che in orticoltura, quale forma di un'attività antropica direttamente connessa alla natura, non esistono regole assolute o principî di generale validità: e anche in questo caso, senza eccezioni, l'esperienza e i tentativi saranno di guida utile alle scelte definitive.

In genere le piante ornamentali, a meno degli alberi di prima grandezza (cioè quelli che raggiungono i trenta metri di altezza), vegetano bene in un suolo profondo circa due metri, perché più oltre il terreno, a causa della pressione, diventa troppo compatto, e le radici faticano a respirare; per i cespugli e gli arbusti può essere sufficiente mezzo metro, e ancor meno per le piante erbacee.

A seconda della profondità del dissodamento che avremo stabilito di raggiungere, la vangatura sarà, come abbiamo detto, tripla, doppia o semplice. Limitiamoci a descrivere quest'ultima, della quale le prime due non sono che l'estensione (Fig. 4). Va eseguita in autunno, prima del gelo; così facendo,

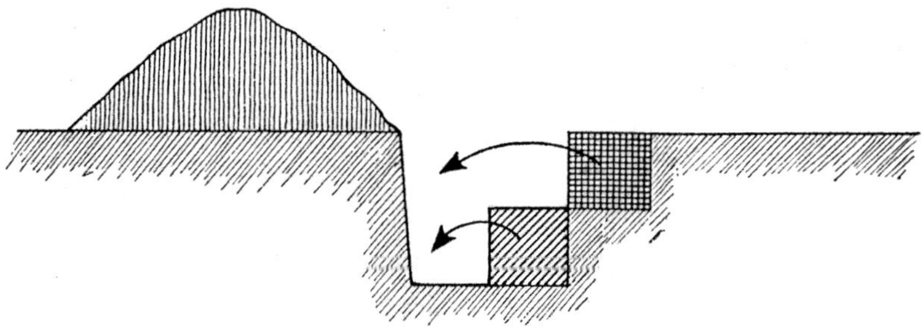

4. Sezione schematica di uno scasso a doppia 'fitta' con rovesciamento del terreno (VANNICOLA, 1961).

quando arriverà la neve o il gran freddo, le zolle rivoltate avranno tempo di essere frantumate dall'azione dell'acqua assorbita che, divenuta ghiaccio, aumenta di volume. Tuttavia quando piove o fa molto freddo è bene rimandare il lavoro, in quanto la terra bagnata si attaccherebbe agli attrezzi, senza contare poi che col pesticcìo o con l'uso stesso degli stessi attrezzi si potrebbe danneggiare la struttura dell'impasto terroso.

Quindi scegliere una fresca e asciutta giornata autunnale, e iniziare il lavoro programmando un fazzoletto di terreno ampio quanto basta per la lavorazione di una giornata, e possibilmente di forma pressoché rettangolare; nel caso in cui il giardino fosse ampio, lo si può addirittura dividere in più settori contigui. Ad un'estremità dell'appezzamento si apre con la vanga una trincea profonda una 'fitta' e larga circa ai trenta-quaranta centimetri. si procede lo scavo della fossa in lunghezza, ammucchiando la terra ordinatamente lungo l'orlo dello scavo, dalla parte opposta al terreno da lavorare.

Se dobbiamo anche concimare il terreno, questo è il momento di disporre il letame nel fondo della fossa, in modo che possa essere ben mescolato e posto a sufficiente distanza dalle radici delle piante, che potrebbero essere danneggiate dal contatto diretto con il letame, ancorché adeguatamente maturo.

Giunti al termine di questa prima fossa, se ne deve eseguire un'altra a questa parallela, con la differenza che ora la terra di scavo andrà gettata non sull'orlo, ma proprio dentro il vuoto della prima. Si osserva che in questo modo c'è il doppio vantaggio di rivoltare la zolla sotto-sopra, e di trasferire fisicamente quantità di terreno da un posto ad un'altro. Inoltre così facendo, interrandole, si facilita anche l'eliminazione delle erbe infestanti annuali, altro insidioso nemico che sottrae al giardiniere gran tempo del suo lavoro; non però quelle perenni come l'agrostide (*Agrostis alba*) il dente di leone (*Taraxum officinale*), il convolvolo (*Convolvolus sæpium*) che vanno accuratamente estirpate ad una ad una, perché sono in grado di riprodursi anche per un solo segmento di radice.

Si procederà secondo queste indicazioni fino all'ultima trincea, che, un po' più scomodamente, dovrà essere riempita con la terra della prima, all'estremità opposta del fondo.

Tutto ciò detto, esistono comunque casi in cui il dissodamento è addirittura sconsigliabile, come per esempio quando, per mezzo delle analisi del terreno, ci si accorge che il sottosuolo non è di buona qualità: allora, come in parte già accennato, c'è il rischio di portare in superficie terreno cattivo con risultati opposti a quelli desiderati. Per motivi diversi non si debbono dissodare terreni che sono sciolti e sabbiosi fino ad una certa profondità, perché in tal caso l'impasto, già di per sé poroso, aumenterebbe questa sua caratteristica, e il terreno non sarebbe più in grado di trattenere l'acqua con le sostanze nutritive il tempo necessario al loro assorbimento. Infine non conviene dissodare profondamente i terreni troppo umidi o che ritengono eccessivamente le acque piovane, a meno che non si provveda ad un loro miglioramento per mezzo di adeguate opere di drenaggio. E qui, anche se la trattazione di questo aspetto del giardinaggio non pertiene direttamente al nostro scritto, è doveroso accennare, pur brevemente, a questo fondamentale aspetto della coltivazione dei giardini.

Se è vero, e lo abbiamo già visto in precedenza, che fra i nemici delle piante sono l'annaffiamento eccessivo – nel caso delle piante in vaso – e, qualunque causa lo generi, il ristagno dell'acqua per quelle in piena terra, questo è allora un punto da considerare con la massima attenzione, e vale bene la pena di segnalare che nessuna spesa profusa per eliminare o almeno ridurre questo pernicioso inconveniente del terreno è mai tanto elevata da non potersi sostenere in relazione ai vantaggi che se ne traggono.

Dunque, ritornando alle analisi di cui sopra, queste, tra l'altro, aiutano anche a capire se il sottosuolo del nostro terreno nasconda tale silente insidia. A questo scopo basterebbe anche osservare con attenzione il terreno, dopo delle lunghe piogge, per alcuni giorni, e vedere in quali zone l'acqua, anziché scorrere in tempi normali, defluisce lentamente o addirittura ristagna. Una volta individuato il quadro e l'estensione di questo fenomeno se ne disegna una mappa, riportata su di una planimetria del terreno, e si traccia sul disegno un progetto della rete di drenaggi necessaria. Il termine 'progetto' non deve spaventare, perché in realtà tutto si riduce a tracciare l'andamento dei condotti, seguendo solo alcune semplici regole: se il terreno presenta un'unica pendenza, allora le fogne, intese genericamente come condotti drenanti, correranno parallele da monte verso valle, e si raccorderanno ad un canale emissario disposto trasversalmente lungo il lato inferiore; se invece il terreno è composto di più falde, le fogne principali o collettori correranno lungo le linee di compluvio, e su di queste si andranno ad innestare le fogne elementari delle falde adiacenti. Si faccia attenzione ad evitare curve troppo strette, pendenze variabili o tratti troppo lunghi; in quest'ultimo caso, per evitare che si determini un flusso eccessivamente veloce, si possono intervallare dei pozzetti con funzione di rompitratta.

I sistemi da usare per la costruzione delle fogne, a parte quello delle fosse aperte, inadatto per i giardini (e comunque anche nei terreni agrari viene usato sempre meno) sono quello tradizionale italiano della cosiddetta *fognatura ordinaria*, o quello dei drenaggi veri e propri. Il primo è costituito da un sistema di condotti porosi sotterranei ottenuti con materiali di facile reperibilità e senza opere di muratura: seguendo le indicazioni del progetto, si aprono le fosse alla voluta distanza e profondità, quindi si realizzano nel fondo i condotti porosi, utilizzando pietrame (è il caso in cui tornano utili i ciottoli che si sono messi da parte durante la bonifica del terreno) o grosse mattonelle disposte a formare grossolani condotti a 'cappuccina'. Si possono utilizzare con buona riuscita anche le ramaglie e le fascine. Sistemate in tal modo le fosse, si ricopre tutto di terra e l'impianto è pronto.[14]

Il beneficio di questo lavoro sul terreno è molteplice, perché i vuoti interni ai condotti, richiamando l'acqua, permettono una imbibizione completa senza pericolo di ristagni: il terreno così sarà moderatamente umido d'inverno e probabilmente rimarrà fresco durante i periodi asciutti; insieme all'acqua circolerà anche l'aria, a tutto vantaggio delle radici che potenzieranno la loro capacità nutritiva. Tuttavia, come in tutte le cose, esistono anche qui delle controindicazioni, soprattutto nel nostro clima, che presenta un irregolare distribuzione della piovosità: di fronte a certi rovesci temporaleschi tipici delle nostre primavere non c'è magistero fognatizio in grado di smaltire la violenza delle acque. Si aggiunga che nel caso di giardini dove crescono o dove si debbano reimpiantare alberi di prima grandezza le radici di questi, attirate dall'acqua, potrebbero occludere presto le fogne, che, come abbiamo visto in base alla loro costituzione, sono prive di pareti atte a difenderle. Nel corso di lavori di restauro si vedono spesso vecchi condotti in parchi antichi, spezzati e completamente intasati da inestricabili grovigli di radici attirate dall'umidità che ancora ristagna lungo l'antico condotto. Altra controindicazione riguarda

---

[14] In questo caso esiste un prodotto in rotoli di diverso spessore, comunemente definito 'tessuto non tessuto', realizzato con fibre sintetiche di poliestere, la cui utilità è confermata dall'esperienza. Posto dapprima sul fondo dello scavetto e poi 'rimboccato' sui materiali drenanti ivi deposti, impedisce che, con il passaggio dell'acqua, la terra permei i ciottoli occludendo il dreno e rendendolo inefficace.

i terreni argillosi e compatti, dove le fogne non funzionerebbero con la dovuta efficacia.

L'evoluzione tecnica di questo sistema di fogne è quella del drenaggio vero e proprio, cosiddetto perché nella sua realizzazione vengono utilizzati i 'dreni', tubi di terracotta a diametro variabile; per un giardino potrebbe in genere andar bene una misura variabile da quindici a venti centimetri. Solitamente lunghi un metro, tali elementi vengono posti sul fondo delle fosse al posto del pietrame o delle fascine delle quali si è detto prima per la fognatura ordinaria.[15] Il richiamo dell'acqua all'interno dei tubi si ottiene o rendendo porosa la malta che si impiega per la costruzione dei dreni mescolandola a trucioli di legno, oppure ponendoli in opera leggermente distaccati l'uno dall'altro mediante l'apposizione di adeguati distanziatori. Alcuni, per aver meglio garantita la stabilità dell'opera, usano riconfermarla rispetto alla sede di posa con alcune mestolate di malta.

Per quanto riguarda la distribuzione del piano d'insieme, valgono per lo più le regole già descritte. Invece, circa il dilemma di orientarsi fra i due tipi, dirò che personalmente ritengo il primo metodo più naturale e virtualmente più adatto ad impianti giardinieri del modello da noi trattato: tuttavia non si può tralasciare di osservare che, anche se più dispendioso per il costo dei dreni, il secondo sistema fa risparmiare molto in fase di messa in opera, poiché, con l'aiuto di appositi ferri ad angolo, possiamo posare i tubi rimanendo sull'orlo della fossa e senza entrarvi dentro, quindi praticare fosse a sezione obbligata molto più strette di quelle che si aprono per la comune fognatura.

Tornando al tema principale dedichiamo ora alcune righe di dettaglio all'erpicatura, della quale già abbiamo discusso gli ambiti funzionali. Poche righe perché, trattandosi anche in questo caso di una lavorazione concepita per i lavori dei campi agricoli, in giardinaggio trova minore applicazione, e si risolve praticamente nella rastrellatura delle superfici vangate. Non sempre però va eseguita questa sorta di sminuzzamento: infatti, mentre è necessaria in alcuni casi, come ad esempio in quello della lavorazione per l'impianto o la rigenerazione dei prati, in altri, come frequentemente si vede fare per le aiuole a rose, che vengono lasciate a maggese, il lavoro della vanga non va ulteriormente perfezionato.

Tuttavia, a parte casi speciali, l'opera finita a regola d'arte prevede che, dopo il dissodamento, il terreno venga ulteriormente sminuzzato, e perciò,

---

15 Anche in questo caso esiste un prodotto, non appartenente alla tradizione agricola, che si dimostra migliore dei sistemi contadini, in quanto più efficiente ed affidabile nel tempo: si tratta di tubi, ormai quasi sempre in polietilene, sul corpo del quale sono praticati fori o piccole feritoie che permettono all'acqua di entrare ma non di uscire.

ovunque si vanga, bisognerebbe poi passare con il rastrello per tale doveroso completamento, nelle aiuole, attorno agli alberi, ai cespugli, e alle siepi.

Come abbiamo detto, la sarchiatura, sotto il profilo funzionale, è sostanzialmente distinta e prescinde dal dissodamento e dall'erpicatura, almeno quando si ha a che fare con la manutenzione ordinaria. In un giardino esistente da mantenere, quasi nessuna pianta che vi cresce potrà essere esentata da questa decisiva lavorazione senza pagare questa trascuratezza con un prezzo a volte alto. Un detto popolare vuole che una zappatura valga più di dieci annaffiature.[16]

Mentre il dissodamento si fa una volta all'impianto, o la vangatura una volta l'anno nei rosai, o con turni pluriennali nei diversi settori, la sarchiatura è un intervento leggero che va ripetuto più volte durante l'anno. Il numero degli interventi non è prevedibile, perché dipende dall'andamento stagionale, dalla velocità e frequenza di riproduzione delle erbe infestanti e dall'abbondanza delle precipitazioni che accelerano il processo di formazione della crosta superficiale del terreno.

Quando si ha a che fare con grandi estensioni di terreno ad alto tenore argilloso, si usa la zappa ottusa (Fig. 5); tuttavia si possono impiegare anche diversi altri attrezzi, non solo in funzione del lavoro ma anche delle regioni e delle abitudini locali.

5. Zappa ottusa per la sarchiatura di superfici estese (Cappi, 1897).

Su terreni non molto compatti e grandi è preferibile l'uso del sarchiello, anch'esso ottuso (Fig. 6); che è più maneggevole della zappa. Con terreni ancora più leggeri e arrendevoli si scelga il sarchiello a punta, più grande per i lavori intorno alle piante legnose o nelle aiuole, dove l'uomo può lavorare restando sui viali, e più piccolo per i lavori minuti e localizzati. Quando invece si ha a che fare con terreni ricchi di scheletro, che pur se adeguatamente dissodati e passati al vaglio, mantengono pur sempre la loro natura ciottolosa, si deve utilizzare il sarchiello (o la zappa) bidente (Figg. 7, 8, 9, 10).

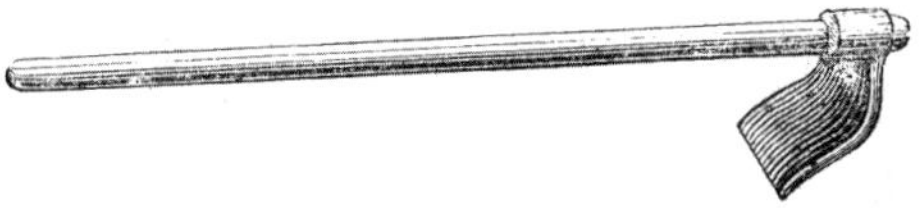

6. Sarchiello ottuso per la sarchiatura di piccole superfici (Cappi, 1897).

---

[16] È questa una circostanza alla quale l'attuale crisi idrica e l'aumento delle temperature consigliano di rivolgere la massima considerazione.

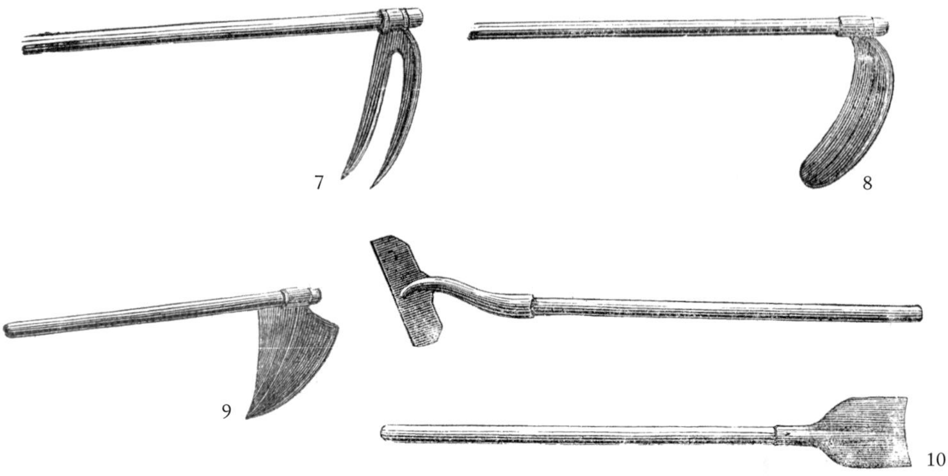

7. Zappa bidente per dissodamenti di terreni con calcinacci e residui di fabbriche (CAPPI, 1897). **8.** Zappa rotonda per terreni sciolti che non reggono il lavoro della vanga (CAPPI, 1897). **9.** Zappa acuta da usare dopo il lavoro del bidente, utile per sminuzzare il terreno e tenere aperto il solco (CAPPI, 1897). **10.** Tipo di raschiatoio per togliere le erbacce dai viali (CAPPI, 1897).

La sarchiatura non dev'essere eseguita in presenza di neve o di gelo, perché l'umidità penetrerebbe nel terreno inibendo la fermentazione delle sostanze nutritive indispensabili al metabolismo della vegetazione. Bisognerà scegliere quelle fresche giornate soleggiate, quando il terreno ha un lieve tenore di umidità, e le condizioni atmosferiche sono favorevoli alla vegetazione delle piante.

La varietà degli strumenti da utilizzare, alla quale poco fa si accennava, dipende prevalentemente dalle diverse condizioni operative di intervento, in funzione delle quali gli attrezzi vanno scelti per rendere più agevole il lavoro nelle zone scomode, fra pianta e pianta, lungo il piede delle siepi, ecc. Questo è un problema di tutt'altro che semplice soluzione, perché in certi casi ci si trova di fronte a situazioni davvero difficoltose. In ogni caso, data l'importanza e la necessità della sarchiatura, è consigliabile magari strappare l'erba aiutandosi con le mani (guantate), piuttosto che rinunciare.

Ad impianto esistente la sarchiatura è fra le prime garanti della fertilità del terreno: eliminando le piante infestanti essa limita la perdita di umidità del suolo e ne facilita la traspirazione a tutto vantaggio delle attività fisico-chimiche utili per la crescita delle radici e per i processi nutritizi. È un lavoro che fisicamente avvicina molto l'uomo alla pianta, e questa contiguità suggerisce la proficua opportunità di unire alla sarchiatura vera e propria anche altre opere di nettezza e di prevenzione fitosanitaria che sono alla base della salute del giardino: quindi, quando si va per sarchiare, si avrà cura togliere le parti malate o secche delle piante, togliere ragnatele e muffe, e, per mezzo di guanti o pennelli, togliere ovunque si vedano pidocchi, cocciniglie e altri animali nocivi. Questa attività si può dire è quella più umile ma anche quella più rappresentativa del vero significato della manutenzione del giardino, e proprio ad essa si deve la sua bellezza, ben convinti del detto dei nostri vecchi: «un bel giardino è un giardino ben tenuto».

Ascoltiamo infine dal Cappi questa lode dei meriti della sarchiatura:

> ... Se noi lasciamo indurire la superficie del terreno in modo che l'aria non vi possa penetrare, la combustione ... non potrà aver luogo non solo, ma impediremo così che la terra stessa possa assorbire diversi altri elementi fecondatori che si trovano nell'atmosfera.
>
> Quanto più renderemo soffice la terra colle lavorature e colle sarchiature, altrettanto essa diventerà fertile, per la ragione che aumentandone la superficie ne accresciamo i pori, i quali prontissimi si trovano a fare l'ufficio di una vera spugna, ed a conservare l'assorbito a vantaggio dei vegetali. ... Perché gli ortolani ... e i giardinieri più accorti ottengono frutti e fiori primaticci, e sempre più belli d'ogni altro coltivatore, se non per il motivo che giorno per giorno sarchiano le piante, e tanto più quando hanno a che fare con un terreno alquanto forte, e che s'induri dopo le innaffiature e al domani procurano subito di smuoverlo onde lasciare il passaggio libero agli elementi atmosferici? ... Le sarchiature adunque sono indispensabili sotto il rapporto descritto; e più lo sono dove il terreno è duro, compatto, argilloso e forte, ma lo sono anche nei vasi grandi e piccoli, e perciò nessuno può esimersene, a meno che non voglia trascurare e perdere quanto ha edificato.[17]

Seguendo l'ordine naturale delle lavorazioni del terreno, cioè di quelle volte a configurare un ambiente ottimale alle radici delle piante contribuendo a rendere e poi mantenendo fertile il terreno, parliamo della *rincalzatura* e della *pacciamatura*, opere entrambi locali e leggere, necessarie per favorire la crescita ed irrobustire la pianta. Nel primo caso lo scopo specifico è quello di favorire l'emissione di radici, e questo lo si ottiene riportando attorno al fusto una certa quantità di terreno onde ricoprirne una parte. La pacciamatura invece consiste nel proteggere la porzione di terreno corrispondente alla proiezione orizzontale dell'apparato radicale sul piano di coltivo con materiali di diverso tipo atti a difendere dall'eccessivo freddo o, al contrario, dall'eccessivo caldo. A tale scopo si possono usare trucioli di legno, corteccia di pino[18]

---

[17] Cappi, 1897^4, pp. 173-178.

[18] Anche considerata l'importanza degli aspetti che sembrano ridurre l'opera manutentiva, oggi problematica per i costi della mano d'opera, non sembra del tutto condivisibile l'utilizzo della cor-

o di abete, paglia pura o lettiera (paglia mista a letame). Oltre a difendere le radici dalle eccessive escursioni termiche, questa protezione limita la crescita delle erbe infestanti, grave insidia di tutti i giardini e nemico implacabile dei giardinieri.

Come già accidentalmente anticipato, la presenza delle erbe infestanti, a parte il danno estetico, è talmente nociva per il nutrimento che sottrae alle piante ornamentali, da richiedere, per la sua neutralizzazione, uno degli impegni più dispendiosi del giardiniere. I relativi mezzi di lotta, a meno di non ricorrere a quelli chimici, costituiscono essenzialmente in misure preventive, quale, ad esempio, quella di accertarsi bene che i letami o i terreni riportati nel giardino siano puri e il più possibile esenti da semi, oppure che provengano da zone non inerbite. Diversamente, bisogna intervenire meccanicamente, metodo fra i più antichi, scerbando, cioè estirpando a mano le erbe, o eliminandole con l'aiuto delle lavorazioni descritte della erpicatura e della sarchiatura.

Giunti alla fine di questa prima parte del primo capitolo, abbiamo esaminato e discusso le operazioni fondamentali della manutenzione di un giardino, che per comodità richiamiamo all'attenzione sinteticamente. Dunque il programma deve prevedere nell'ordine:

1) un'opera di dissodamento e di erpicatura (ove necessario) continua, eseguita a rotazione su singoli lotti, secondo un programma che esaurisca l'intervento nel volgere di cinque o dieci anni a seconda della vastità del giardino, ma tale che la turnazione non ecceda l'intervento annuo su ciascuna porzione;

2) l'esame della permeabilità del terreno e l'eventuale eliminazione di ristagni per mezzo di opere fognatizie;

3) un'opera di sarchiatura, cioè di ripulitura delle erbe infestanti ma anche di rottura della crosta superficiale da eseguire più volte l'anno secondo l'andamento stagionale, onde mantenere la morbidezza e la permeabilità del terreno intorno alle radici fino alla successiva vangatura;

4) continue opere di rincalzatura, pacciamatura e diserbo sul terreno immediatamente circostante ogni singola pianta, al fine di proteggere le radici e difenderle dalla sottrazione di alimenti e di ossigeno.

Quanto fin qui detto riguarda lavorazioni atte a migliorare la fertilità di un determinato terreno. Tuttavia va chiarito che esse non agiscono sulla natura fi-

---

teccia di pino (almeno nei giardini storici) in quanto questa, con le lavorazioni o con l'azione degli agenti atmosferici, finisce, nel tempo, con il mescolarsi alla terra e in definitiva rende più difficoltosa, anziché semplificare come viene propagandato, la manutenzione, senza contare poi l'influenza acidificante della corteccia stessa sul pH del terreno. In tempi relativamente recenti, abbandonando una tradizione davvero secolare, la pratica di utilizzare la corteccia di pino fu sperimentata per le rose nelle aiuole dell'Isolotto nel Giardino di Boboli, ma, a parte l'aspetto tanto diverso da quello al quale si è abituati nei giardini storici, l'esperimento non dette buoni esiti e la tecnica fu poi abbandonata.

sico-chimica del terreno, il quale infatti, dopo queste, continua a mantenere sostanzialmente inalterate le proprie caratteristiche originali. Diverso è quando le esigenze di una determinata coltivazione non sono compatibili con la struttura organica di un terreno. In agricoltura, a causa della vastità dei fondi e il soverchio impegno che richiederebbe modificare il terreno, si preferisce per lo più adeguarsi a quest'ultimo, scegliendo piante adatte alle caratteristiche dell'impasto del quale si dispone.[19] Infatti, quale che sia il valore commerciale di un determinato prodotto agricolo, in agricoltura esso non sarà mai tale da rendere conveniente un lavoro di modifica del terreno, impegno oneroso che si ridurrebbe ad una vera e propria generale sostituzione del medesimo per l'intero spessore coltivabile. Ma non è così nei giardini, dove molto spesso, soprattutto a partire dalla metà dell'Ottocento, con la moda del collezionismo botanico, ma anche in considerazione della scala ridotta degli impianti rispetto a quelli dell'agricoltura, interi settori venivano scavati e sostituiti con impasti costituiti appositamente a misura delle esigenze nutritive delle specie previste per la posa a dimora.

Una differenza che traccia una distinzione netta tra giardino e campo agricolo viene espressa da Angiolo Pucci:[20]

In agricoltura può dirsi che il terreno è quello che è, vale a dire che l'agricoltore potrà modificare la natura coi correttivi, migliorarlo colle concimazioni, ma non può alterarne sostanzialmente le basi. Così è costretto il più delle volte a scegliere le piante da coltivarsi fra quelle che preferiscono o possono vivere in quella data qualità di terreno. Per i giardinieri invece la cosa cambia d'aspetto; essi vogliono coltivare delle piante speciali anche in piena terra, e quel che più conta si dedicano alle colture di piante che vogliono assolutamente condizioni specialissime riguardo al terreno ove distendere le radici e ove trovano gli elementi indispensabili alla loro vita, il che accade di continuo per le piante allevate in vaso.

Vedremo in seguito come non tutte le piante ornamentali o da fiore possono vivere nelle terre comuni, ancorché queste, perfettamente corrette e migliorate, diventino quelle terre chiamate comunemente d'orto e di giardino. In queste terre potranno vivere molte piante rustiche, cioè resistenti a tutte le intemperie della regione ove sono coltivate, dette anche di piena terra, ma al contrario sono pochissime le piante da coltivarsi nella sola terra comune. La maggior parte di queste piante richiede delle materie o sostanze speciali, che hanno il nome di terricci.

---

19 I vasti terreni destinati a giardini per l'Esposizione Internazionale del 1942 (EUR) erano di natura tufacea, ricchi di calcare e poveri di *humus*. Per renderli adatti alle diffuse piantagioni previste, si scelse la strada, molto onerosa, di sostituire le grandi quantità di terra inerte con terra da giardino appositamente reperita e terra vegetale proveniente da scavi opportunamente concimata con letame stallatico, rifiuti organici e scorie Thomas.

20 PUCCI, 1983[12], pp. 13-16.

Disponiamoci ora a trattare l'argomento dei terricci.[21] I terricci sono impasti costituiti artificialmente utilizzando per lo più materiali organici, adeguatamente bonificati, dosati a misura per quelle specie vegetali che, dovendo essere spostate durante l'anno per particolari requisiti nutritizi e ambientali, sono coltivate in vaso. Quando poi si mescolano tra loro i componenti destinati a formare i terricci con buona terra vegetale e con l'aggiunta di letame al fine di ottenere miscele ancor più specializzate, si ottengono i cosiddetti terricciati (Fig. 11).[22]

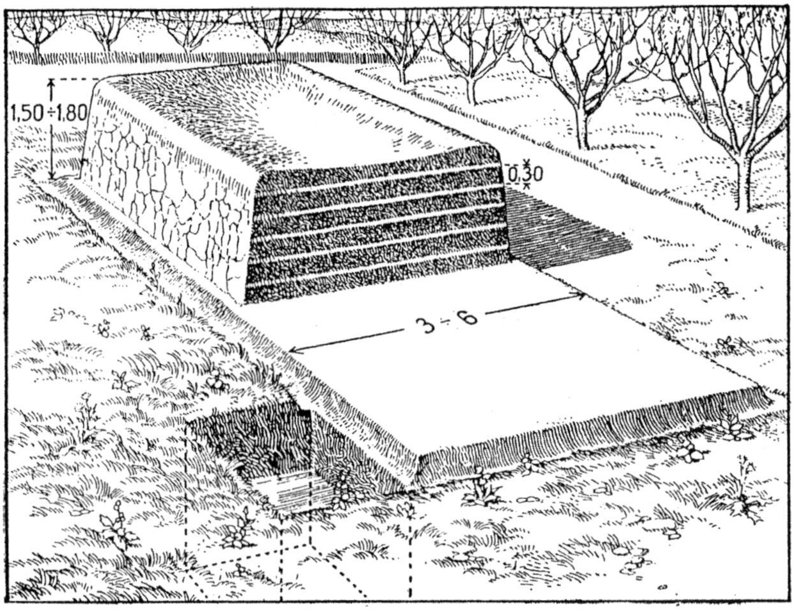

11. Sezione schematica di un terricciato costituito da strati alterni di terra e di letame (VANNICOLA, 1961).

[21] A volte si può confondere tra i termini *terriccio* e *terricciato*; fermo restando che la qualità distintiva del terriccio consiste nel suo stato fisico di decomposizione e non dai suoi componenti (tanto che anche il letame, opportunamente macerato oltre il normale processo che ne fa concime, viene usato come terriccio nelle colture in vaso) i terricciati sono qualcosa di diverso, perché risultano da una mescolanza di letame e terra in proporzioni variabili, ottenuti sovrapponendo a strati alterni questi due componenti. Dopo alcune settimane il cumulo così ottenuto, alto non più di due metri, viene disfatto procedendo con tagli verticali e rifatto più accanto, ottenendo una profonda mescolanza dei componenti. I terricciati sono molto adatti alla concimazione dei prati, dove il materiale si deve spargere in superficie. Il loro uso, oggi trascurato perché di lunga preparazione fatta a mano, è prezioso per il giardiniere.

[22] In particolare i diversi componenti prescelti per la formazione del terricciato devono essere disposti a strati alternati al letame e tenuti in ambiente costantemente umido. È bene rimescolare

Nel caso in cui la specie desiderata, pur richiedendo un nutrimento speciale, sia coltivata in piena terra; o nell'altro in cui, per spostarla, si ricorra allo spiantamento e ripiantamento annuale (come si faceva nei primi del Novecento con le palme delle grandi aiuole decorative a mosaico), allora, individuata l'area della piantagione, si delinea il profilo di pertinenza, e si provvede alla sostituzione di quella porzione del terreno. In pratica è come se quella parte venisse trasformata in una sorta di grande vaso interrato. Paragone specialmente efficace quando, per difendere l'impasto nuovo dalla contaminazione del terreno circostante o dall'esuberanza degli apparati radicali vicini, la separazione avvenga per mezzo di manufatti in muratura costruiti al di sotto del piano campagna. In questi casi l'assimilazione funzionale alla fioriera o al vaso sarebbe addirittura completa se si usasse costruire anche il fondo di tale struttura; ma di solito non è necessario: purché si realizzi un'accurata fognatura per tutta la superficie dell'aiuola, questa sorta di vasca interrata si lascia priva di fondo, perché diversamente l'ostacolo alla libera crescita dell'apparato radicale recherebbe più danno che non la diversa natura del terreno; infatti si va verso il sottosuolo, di solito povero di sostanze nutritive e quindi meno nocivo dello strato superiore ben più ricco, che il giardiniere avrà avuto cura di separare dal primo quanto più possibile approfondendo la costruzione dei divisori per tutta la profondità del suolo. Questo è un sistema al quale si ricorre quasi obbligatoriamente quando si vogliano coltivare piante che hanno esigenze del tutto diverse dalle caratteristiche del terreno; tuttavia è bene chiarire che anche con le precauzioni descritte o con altre ancora, la coltivazione di piante in simili condizioni sarà sempre faticosa e delicata, perché, non essendo possibile né opportuno realizzare dei compartimenti perfettamente impermeabili, il processo di assimilazione sarà ritardato ma non eliminato, e prima o poi si dovrà somministrare alle piante le medesime cure di quelle in vaso, sostituendo uno strato superficiale di terriccio almeno una volta l'anno e ricaricando completamente tutto l'impasto al minimo una volta ogni tre anni, come suggerito dal Pucci.[23]

---

completamente dopo circa due mesi. Oltre ad essere utili per diversi miscugli, si usano per le piante da fiore come il crisantemo, la *Salvia splendens*, ecc.

23 PUCCI, 1983[12], pp. 157-158: «... Molti di questi arbusti si coltivano in vaso e allora alcuni di essi per la condizione speciale si essere in vaso, sono meno rustici e hanno bisogno di essere messi al riparo nella stagione invernale. Come pure alcuni, malgrado che siano rustici si coltivano in terricci speciali e quindi volendo tenerli in piena terra, occorre formare dei cassoni e riempirli di terra di castagno di Milano e anche di scopa, secondo le piante che ci devono essere messe. Se questi cassoni sono fatti in vicinanza di qualche altra piantagione, devono esser murati per impedire che le radici delle piante circostanti invadano il terriccio speciale a detrimento degli arbusti ivi piantati. I cassoni, o se trattasi di piante isolate e formelle, devono esser diligentemente fognate, specialmente nei terreni compatti, e lo strato del terriccio speciale basta che sia alto dai 60 ai 70 centimetri, giacché questi arbusti non si approfondiscano molto colle radici. Ogni tre anni si leverà lo strato superficiale del

Un esempio tipico di questo tipo di problemi è quello della coltivazione delle piante acidofile (azalee, rododendri, camelie, aceri giapponesi, ortensie, gardenie) quando siano destinate a terreni calcarei a prevalenza basica.

Terriccio naturale per elezione è lo stesso *humus,* che si forma spontaneamente dalla fermentazione e dalla trasformazione biochimica dei residui organici e delle deiezioni animali. Terriccio classico nel senso proprio del termine, in quanto realizzato artificialmente dall'uomo nel modo più semplice e tale da avere caratteristiche medie in grado si rispondere in modo abbastanza soddisfacente alla maggior parte delle esigenze, è quello descritto da Girardi-Del Lungo:

> il terriccio classico, quello che si indica colla sola parola terriccio, è quello che dovrebbero fare tutti coloro che hanno un giardino od orto benché piccolo; in un angolo ombroso, in una buca del terreno, si mette ogni rifiuto che capita per le mani: resti di ortaggi, foglie, steccoli, letame di conigli o di polli, cenere, stracci, ecc. Dopo tre, quattro o più mesi, a seconda la stagione, tutte queste sostanze avranno formato un insieme scuro, uniforme, terroso, ricchissimo di elementi fertilizzanti, che sarà ottimo solo o mescolato con altri terricci per la coltivazione dei fiori.[24]

Questo tipo di terriccio, facile da ottenere da parte di chiunque, non dovrebbe mai mancare in un giardino, e non va confuso con i terricciati e con i substrati, che ancora più propriamente si trovano sul mercato con il nome di *composte.* Queste ultime, altamente specializzate, sono usate dai floricoltori per la produzione commerciale, e nei nostri giardini non verrebbero sfruttate al meglio.

Per avere un quadro sintetico e sufficientemente chiaro dei terricci a noi utili nella conservazione di un giardino storico, articoliamo il seguente prospetto dei terricci più usati:

Terriccio di bosco

È composto da residui vegetali che, cadendo in terra, si incorporano al terreno naturale. Foglie, rami, cortecce, formano un impasto soffice, permeabile e ricco di sostanza organica, con potenziale idrogeno prossimo alla neutralità. A quello prodotto dai boschi di conifere si preferisce di gran lunga quello delle latifoglie, perché le sostanze resinose contenute nelle foglie di pini, abeti, pecci, ecc. possono contrastare con le esigenze di numerose piante.

---

terriccio per un'altezza di 20 centimetri e se ne metterà del nuovo. Se dopo diversi anni le piante danno segno di deperimento si levano e si rinnova tutto il terriccio».

24 Girardi – Del Lungo, 1928^2, pp. 32-36.

Terra di bosco

Ha la medesima origine di quello appena descritto, ma posizione più profonda, e quindi, avendo riposato più a lungo dello strato superiore non del tutto decomposto, offre una maggiore uniformità d'impasto, conserva più a lungo le sue proprietà fertilizzanti, ed è più soffice. Di colore molto scuro, si preferisce per la coltivazione di piante che, come le palme, le camelie, le aucube, richiedono frequenti rinvasature.

Terriccio di foglie

Non è più un terriccio naturale, perché deriva dalla macerazione delle foglie raccolte e accumulate dal giardiniere in un luogo coperto. Per ottenere un buon prodotto è necessario annaffiare frequentemente e rivoltare le foglie fino a che non siano completamente decomposte. Se ne ricava un composto molto soffice, che può essere arricchito di sostanze nutritive somministrando urine e pozzo nero. Quanto più lenta è la decomposizione delle foglie (come quelle del faggio) tanto più adatte saranno queste alla produzione di questo tipo di terriccio.

Terriccio di erica

Si trova nelle boscaglie dove vegeta l'erica (detta brugo in alta Italia, e scopa in Toscana). Trattiene bene l'acqua. Ha colore grigio-rossastro. Poiché è molto acida, ma povera di sostanze organiche, mantiene più a lungo le sue caratteristiche, e si preferisce per la coltivazione delle piante acidofile.

Terriccio di castagno

Deriva dalla decomposizione del legno all'interno delle ceppaie che rimangono dopo la ceduazione dei boschi. È di color ruggine. È importante che sia ben macerato, perché essendo più fine diventa più leggero e permeabile. Se si riscontra una elevata presenza di grossi zeccoli non ancora ben macerati (non si disfanno sotto la pressione del dito) è opportuno far completare il processo di maturazione interrandoli ancora per un po'.

Terriccio di aghi di abete

Costituito dal manto che si deposita nei boschi di abeti, per lo spessore di pochi centimetri. Per essere efficace, la sua decomposizione non dev'essere del tutto ultimata. Ha un basso tenore di sostanze nutritive, e anch'esso è spesso utilizzato per la coltivazione di camelie, azalee ecc., ma soprattutto dai produttori.

Oltre a quelli appena descritti, che sono i terricci più utili nei giardini, anche la torba riveste un ruolo di particolare importanza. Non si tratta proprio di un terriccio, ma di un fertilizzante, e, più particolarmente, di un ammendante, cioè di una sostanza che, mescolata al terreno, tende a migliorarne le qualità fisiche e organolettiche. La torba deriva dalla decomposizione di specie vegetali che prosperano in località acquitrinose. Ne esiste una varietà bionda, derivata da residui dei generi *Sphagnum* e *Eriophorum*, poco decomposta, e una varietà scura, proveniente da *Carex* e *Phragmites*.

Ha requisiti che la rendono utilissima tanto nella produzione quanto nella coltivazione dei giardini: alto grado di ritenzione d'acqua (fino a 10-12 volte il proprio peso) elevata acidità e forte potere tampone. Si pensi che basta poco più di un chilogrammo di torba per metro cubo di terreno per elevare il potenziale idrogeno di due gradi.

Si aggiunga infine il terriccio chiamato *terra da svasatura*, che non è altro che la terra proveniente dai rinvasi, la quale, accumulata in un angolo del magazzino, viene costantemente ricaricata di sostanze fertilizzanti e poi utilizzata con ottimo profitto.

Il buon giardiniere deve convincersi dell'importanza di questo argomento riguardante i terricci, e capire che non sono un arricchimento accessorio, ma rivestono il ruolo di struttura portante per il funzionamento ordinario del giardino. Perciò bisogna essere sempre provvisti del necessario quantitativo di terricci ordinariamente necessari al nostro giardino, organizzandone la produzione e garantendone per tempo l'approvvigionamento, senza dimenticare che un terriccio di qualità scadente può piuttosto arrecar danno che apportare beneficio alle coltivazioni alle quali è destinato.[25]

---

25 Pucci, 1983[12], pp. 13-16: «fin d'ora avverto che la provvista dei terricci dev'essere fatta per tempo in modo da averne un deposito per adoperarli un poco invecchiati; i terricci giovani sono il più delle volte molto dannosi alle piante. I terricci tutti vanno vagliati per toglierví le materie estranee che facilmente possono contenere, specialmente quello di svasatura, che contiene anche i materiali serviti alle fognature e dei vasi». Ancora al proposito cfr.: Moretti – Chiolini, 1840[2], pp. 55-65: «... Tutti gli enunziati miscugli dovranno, per quanto è possibile, essere preparati sotto di un portico o in altro luogo riparato dalla pioggia, ma esposto agli altri influssi dell'atmosfera. Bisognerà, prima di unire insieme le diverse sostanze, far passare le terre a traverso del graticcio, onde estrarne le pietre, le radici e gli altri corpi stranieri. I mucchi non devono mai essere del tutto secchi: per moderati annaffiamenti vi si conserverà un grado di umido continuo, che ne favorisca la fermentazione».

ANNAFFIATURE

> [...] La storia passata e le esperienze presenti ci forniscono parecchi esempi di quanto possano essere distruttive le formule e le ricette; [ma] un'orgia di autoespressione non è più produttiva di una cieca obbedienza alle regole.
>
> R. ARNHEIM, *Arte e Percezione visiva*, 1971[2].

Anche in questo caso vale la regola dell'insegnamento dell'esperienza, e, salva la validità di tutto ciò che può riguardare una serie di scadenze o calendari, o dosaggi, bisogna tener presente ed avere molto chiari in mente alcuni principî generali:[1] il primo è che la terra delle piante non dovrebbe mai giungere ad uno stato eccessivamente secco; il secondo è che non si deve mai eccedere con le annaffiature, perché un'imbibizione eccessiva nuoce più di una temporanea carenza d'acqua;[2] il terzo è che non vale annaffiare poco e continuamente, ma, al contrario, a intervalli, anche distanziati fra loro, e abbondantemente;[3] infatti l'attivazione del processo di assorbimento da parte dei

---

1 RE, 1864[5], pp. 102-105: «Ho veduto alcuni giardini, le cui piante poste nelle aiuole si adacquano all'egual modo dei prati. Una tal foggia di annaffiamento non saprei veramente approvarla. Quante erbe ed alberi trovansi in un giardino botanico, altrettanto diverse, direi quasi, sono le regole d'irrigazione che loro si convengono. Il clima, ed il terreno proprio di ciascuna può solo regolarla. Si dirà, che l'acqua del cielo copre egualmente tutta ad un tratto la superficie del giardino. Ma vi è una somma differenza tra l'acqua di pioggia, come ognuno sa, e quella dei canali o simili».

2 RE, 1864[5], p. 130 sgg.: «Quanto più acqua si dà alle piante, secondo alcuni, tanto più loro giova. Le donne mandano a male moltissime piante perché, specie in estate, sempre innaffiano. Alcuni indistintamente bagnano tutte le parti delle medesime. Ma ve ne sono alcune le quali temono assai in certe stagioni l'acqua... In generale, come ho detto, parlando di altre operazioni da farsi, deve consultarsi la storia naturale di ogni pianta. Qualunque altra regola si prescriva non condurrà al fine che si brama, che è quello di far prosperare il più che sia possibile le piante».

3 All'interno di questo principio esistono tuttavia alcuni distinguo; cfr. ad es. GIRARDI – DEL LUNGO, 1928[2], pp. 36-38: «...Le annaffiature devono essere frequenti per le piante erbacee; più rade ma più abbondanti per quelle legnose; devono essere scarse durante il periodo invernale per le piante che soffrono il freddo e che sono state messe al coperto, perché i danni del freddo sono sempre maggiori quando la pianta è in un ambiente umido; devono essere scarsissime o nulle per le piante grasse». E ancora: CAPPI, 1897[4], pp. 165-173: «Non si bagnino mai i fiori, altrimenti verremo a pregiudicarli e li vedremo perdersi prestissimo. Le piante in fiore per altro richiedono d'essere più spesso innaffiate che le altre. Se vorremo che i nostri vegetali prosperino rapidi e bene, converrà da quando

capillari radicali richiede all'organismo vegetale notevole impegno ed un certo tempo, e la pianta non va stressata con continue sollecitazioni in tal senso.

Il quarto punto riguarda la cronologia dell'annaffiamento, durante la giornata e nelle diverse stagioni: salvo specifiche situazioni che richiedono norme particolari, virtualmente il momento migliore è la sera; in pratica però si deve innaffiare di sera durante l'estate e di mattina durante l'inverno. L'eccezione invernale deriva dal rischio che gli abbassamenti eccessivi di temperatura verificabili durante la stagione fredda provochino, con il gelo, la necrosi dell'apparato radicale. Particolarmente efficace l'esposizione fatta dal Pucci nel suo trattato:

> Molti coltivatori ritengono che qualunque ora del giorno sia buona per le annaffiature. Non reca meraviglia perciò se vediamo molte piante crescere stentatamente e questo accade per l'errata abitudine di annaffiare le piante generalmente nelle ore in cui torna più comodo. Al contrario l'ora per annaffiare ha seria influenza sull'esito di molte culture e quindi si danno delle regole generali cui è bene attenersi.
>
> Nei climi caldi durante tutto l'anno e in quelli temperati durante l'estate si annaffierà nelle ore della sera poiché l'annaffiatura della mattina è seguita per il progressivo aumento di temperatura, da una rapida e forte evaporazione che toglie dal terreno l'acqua somministrata, a danno delle piante. Annaffiando verso sera per l'abbassamento naturale della temperatura e per la diminuizione di luce, diminuisce sensibilmente la evaporazione e la traspirazione delle piante, per cui l'acqua resta di più nel terreno a beneficio delle piante stesse. Nei grandi giardini, ove per la grande quantità di vasi è spesso impossibile annaffiarli tutti di sera, si lasceranno per l'annaffiatura mattutina quelli delle piante più rustiche o quelli tenuti all'esposizione di nord o d'ovest meno soggetti ad una forte e sollecita evaporazione Si farà invece l'annaffiatura nelle ore della mattina per tutto l'anno nei climi freschi e in quelli temperati durante l'inverno, il principio di primavera e la fine dell'autunno. In questi casi il caldo del giorno non è sufficiente a produrre una forte evaporazione, mentre l'abbassamento di temperatura cagionato dall'acqua delle annaffiature serali si unirebbe a quello dell'atmosfera e cagionerebbe un raffreddamento troppo forte e repentino.[4]

Il quinto criterio considera che una delle maggiori insidie dell'acqua è anche qui il ristagno, il quale va evitato a tutti i costi, per mezzo delle fognature.

---

in quando saturare l'acqua con qualche elemento ingrassante, ma non mai renderla così forte da pregiudicarli. Per esempio: qualche poca materia fecale – alquanto di escrementi equini – una manata di colombina, di guano, ecc., diluiti in una certa quantità d'acqua, gioveranno moltissimo. Non tralasceremo di ricordare, che per ottenere un minore disseccamento nel terreno dei vasi e quindi a menomare la frequenza delle innaffiature, sarà sempre ben fatto che il terreno stesso rimanga coperto dal muschio, ovvero da uno strato di grosso concime. ...Non è il bagnare, siccome volgarmente si dice, ...che sia necessario; bensì il bagnare come si deve e quando si deve».

[4] PUCCI, 1983[12], pp. 23-30.

Per questo argomento si guardi il primo capitolo, e, successivamente, quelli riguardanti la posa a dimora delle piante e le piante in vaso.

Il sesto punto riguarda il modo di annaffiare, anch'esso soggetto a numerose differenze, ma prevalentemente attento ad evitare che l'acqua venga distribuita con impeto eccessivo, per non portar via terra dal piede della pianta, e formare quella crosta impermeabile tanto pericolosa per l'asfissia e l'impermeabilità che genera attorno all'apparato radicale.[5] Molta importanza a tal fine assume il tipo di strumento usato per annaffiare, sia che si tratti di irrigazione automatica che di tubo di gomma o di annaffiatoio. Salve le debite eccezioni, buona norma è che per quanto possibile si tenda ad imitare la caduta della pioggia.[6]

Infine l'annaffiamento rimane l'operazione più difficile del giardiniere, proprio perché sfugge a regole fisse, e perché un errore in questa materia si paga più di uno sbaglio in qualsiasi altro settore del giardinaggio. Perciò in nessun caso, come in questo, si deve procedere con altrettanta cautela ed attenzione.

Passiamo ora a parlare di tutto quanto è fondamentale sapere intorno all'annaffiamento dal punto di vista pratico. Innanzitutto il tipo di acqua: la migliore è quella piovana, la peggiore quella di pozzo, passando attraverso le gradazioni di quella dei corsi d'acqua, di sorgente e di acquedotto.

L'acqua non è solo un mero collettore del nutrimento, ma essa stessa è un nutrimento. Non dobbiamo sottovalutare l'importanza della temperatura dell'acqua, che può avere effetti letali sul metabolismo vegetale e danneggiare irreparabilmente la piante. Se esaminiamo i tipi di acqua suesposti alla luce di questi requisiti, la ragione della loro classificazione risulta evidente. All'acqua piovana spetta il primo posto perché, essendo più vicina allo stato di purezza, e contenendo un moderato tenore di sali minerali, si trova nelle condizioni migliori per assorbire dal terreno le sostanze nutritive da cedere poi alle piante; al tempo stesso la sua temperatura è la stessa dell'ambiente nel quale si trova.

---

5 Re, 1864[5], pp. 102-105: «...Chi innaffia, onde far più presto, versa l'acqua con somma velocità, ed il minor male che faccia si è di farne grande sciupamento, lasciandola correre fuori delle aiuole e dei vasi. Ma gl'inconvenienti che meritano di essere rilevati sono: 1° il calcare che si fa la terra, il quale particolarmente, se argillosa, si viene oltremodo a rinserrare attorno alle radici; 2° la cavità che si forma presso la pianta, la quale mette in breve al nudo le radici; 3° il prostrare le piante».

6 Girardi – Del Lungo, 1928[2], pp. 36-38: «...Le annaffiature si fanno di solito con l'annaffiatoio, che tutti conoscono; solamente nelle grandi colture si ricorre alla irrigazione per imbibizione, che consiste nel fare scorrere l'acqua in solchetti prossimi alle piante; si chiama imbibizione perché il terreno non riceve direttamente l'acqua, ma la beve e la assorbe. La annaffiatura con l'innaffiatoio ha il vantaggio di fare arrivare l'acqua poco per volta, imitando la pioggia, sulla terra sia dal vaso che del terreno e bagna anche le foglie e il fusto, con grande vantaggio della pianta; inoltre è l'unico modo per bagnare il terreno seminato».

L'acqua di pozzo è fra le peggiori perché fredda e quasi del tutto priva di ossigeno, essendo stata in ambienti privi di aria, e per di più è eccessivamente carica di sali minerali. Anche a questo proposito le parole del Pucci sono molto efficaci:

> L'acqua migliore e che si dovrebbe preferire a tutte è quella piovana; vengono poi per ordine di merito le acque di sorgente, le più svariate; alcune sono in soluzione, senza alterarne la trasparenza, altre sono in sospensione. Le acque salate, quelle salmastre, le sulfuree, le ferruginose, ecc., non sono buone per le annaffiature delle piante, anzi il più delle volte sono addirittura dannose.
>
> L'acqua piovana senz'essere assolutamente priva di ogni sostanza minerale è almeno quella che si avvicina alla purezza assoluta; è moltissimo aerata e l'aria che contiene è più ricca di ossigeno dell'aria stessa atmosferica. Contiene inoltre dell'ammoniaca e in dose maggiore quando cade in modo burrascoso: l'ossigeno, di cui è carica, è uno stimolante energico della vegetazione. Si osserva infatti come spesso le piante languiscono e anche muoiono se sono annaffiate con acqua poco ossigenata o con soluzioni troppo concentrate di concimi.
>
> L'acqua di sorgente non è che acqua piovana che si è infiltrata nel terreno e vi è rimasta per qualche tempo. Nell'attraversare il suolo perde quasi del tutto l'ammoniaca che contiene e si carica invece di sostanze minerali meno propizie alla vegetazione. Ciò nonostante è sempre acqua buona per annaffiare e lo è di più se prima di servirsene è stata esposta un poco di tempo all'azione dell'aria in modo che divenga più aerata, meno fredda e depositi in parte le sostanze minerali. Così pure le acque dei fiumi, originate o dalle piogge o dalle sorgenti, sono acque adoperabili e sono migliori quando sono adoperate in luoghi lontani dalla loro origine.
>
> Peggiore delle acque suddette è l'acqua dei pozzi, particolarmente di quei pozzi scavati in terreni molto calcarei. In ogni modo quest'acqua è poco ossigenata ed è fredda, per cui occorre tenerla esposta all'aria per maggior tempo di quella delle sorgenti e dei fiumi.[7]

Lasciamo per il momento tutti i discorsi a proposito dei moderni impianti di irrigazione automatizzata, che vanno benissimo tutte le volte che sono realmente necessari, osservazione questa motivata dal fatto che recentemente sono stati un po' sopravvalutati (per il loro costo di impianto sostanzialmente contenuto) e vengono impiegati quando non sarebbero proprio indispensabili.

Importante è l'idea del progetto. Dobbiamo cercare di assimilare il nostro sistema d'irrigazione ad uno naturale, proprio come, in antico, facevano i proprietari degli orti, delle ville e dei giardini di delizia.

---

[7] PUCCI, 1983[12], pp. 23-30.

Al primo posto c'è la questione della captazione e della conserva dell'acqua. Difficilmente un giardino si può giovare della favorevole circostanza di un'abbondante disponibilità idrica. Fortunatissima villa d'Este a Tivoli, lambita dall'Aniene; poco favorito Boboli, che doveva captare l'acqua da lontane sorgenti esterne e condurla per diversi chilometri con lunghissimi acquedotti sotterranei, ed integrare poi ancora questo pur insufficiente apporto con quello di piccole sorgenti interne e addirittura con lo scolo di due ghiacciaie situate dietro all'Anfiteatro.

Dovendo quindi ipotizzare una situazione intermedia, bisognerà predisporsi a sfruttare tutte le risorse, e cioè da un lato le acque piovane e dall'altro quelle provenienti dalla terra. Il motivo di questa doppia articolazione si rispecchia nel diverso tipo di opere destinate a raccogliere le acque, magisteri che, seppur differenziati, si riconducono sostanzialmente a due tipologie: una per le acque piovane e l'altra, generalmente, per tutte le altre, anche in ragione del modo con il quale queste due risorse idriche vengono erogate: da un lato la pioggia, che scende con portata ridotta ma uniformemente distribuita su ampie superfici; dall'altro gli acquedotti, le sorgenti, i pozzi, i quali offrono una portata unitaria maggiore che però è concentrata nel punto ben preciso di arrivo o di emungimento. Il tipo di raccolta e di conserva dell'acqua può seguire modalità differenziate: si hanno ad esempio (o si avevano in antico) orci interrati e distribuiti per tutto il giardino – in media uno per ogni quadro, o aiuola – per raccogliere e conservare l'acqua piovana, e si hanno più o meno grandi cisterne, vasche o 'vivai' (così chiamate quando, come di frequente accadeva, vi erano allevati i pesci) (Figg. 12, 13, 14) per conservare l'acqua proveniente dagli acquedotti ecc. o infine si hanno sistemi complessi che coniugano le due soluzioni. Tra la cisterna e la vasca quest'ultima presenta il vantaggio di essere a cielo aperto, e di facilitare tanto il riscaldamento quanto l'ossigenazione dell'acqua.

Gli orci, poiché l'acqua in essi contenuta è destinata all'annaffiamento, venivano situati in prossimità delle aiuole a raccogliere prevalentemente l'acqua piovana scolata dai viali e dai piazzali (Fig. 15); nelle vasche invece si raccoglieva l'acqua delle sorgenti o dei pozzi, che ne ricavava grande beneficio in quanto, rimanendo a riposare, si ossigenava e giungeva alla temperatura più adeguata, eliminando parte degli inconvenienti originari già accennati. Specialmente quando erano poste poco sotto la villa o sotto ad altri edifici, si convogliavano nelle vasche o nelle cisterne anche le acque dei tetti e dei lastrici intorno ai fabbricati. Filippo Re dedica a tali strutture nei giardini una particolare attenzione:

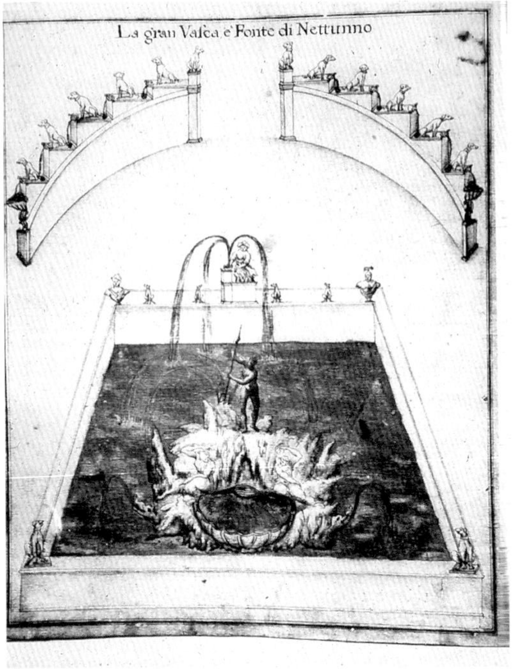

12

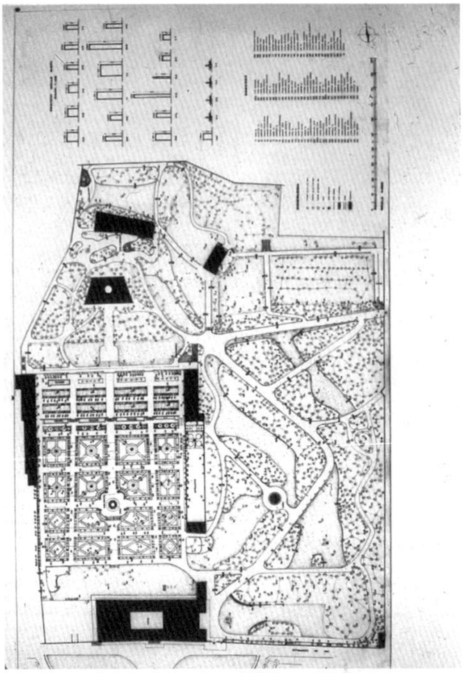

13

14

12. Firenze, Giardino di Boboli, il vivaio del Nettuno con la statua della Lavacapo, prima delle trasformazioni settecentesche (Vienna, Albertina). **13.** Firenze, giardino della villa Medicea di Castello, Rilievo floristico (1983). Il vivaio, di forma trapezoidale, è posto nella zona alta del giardino e riceve acqua dai soprastanti condotti della Castellina e della Petraia. **14.** Firenze, giardino della villa Medicea di Castello, la figura del «Gennaio» di Bartolomeo Ammannati nello scoglio al centro del vivaio.

15. Firenze, giardino della villa Medicea di Castello, orcio interrato vicino alle siepi di bosso per la raccolta delle acque piovane necessarie all'annaffiamento.

Vi dovranno essere dei serbatoi d'acqua. Alcuni saranno destinati ad alimentare le piante acquatiche. Si fabbricheranno in maniera che si possa misurare l'acqua e tenerne in ognuno quanta ne può abbisognare per la rispettiva felice vegetazione di ciascuna pianta, e non più. Pare indifferente il distribuire questi recipienti piuttosto nell'uno che nell'altro luogo. A me piacerebbe porli a levante, sebbene taluno amasse di averne situati a tutte e quattro le esposizioni. Vi dovranno pure nell'orto essere delle vasche piene d'acqua per le irrigazioni. Alcuni sono fortunati di potere col mezzo di canali o di sorgenti avere le acque colle quali riempiere all'occorrenza i loro serbatoi. Ma la maggior parte, mancando di questo vantaggio, sarà costretta a valersi dell'acqua somministrata dalle piogge. Quindi i serbatoi saranno della maggiore capacità possibile.

La grandezza esteriore sarà in proporzione dell'area del giardino. Internamente avranno la maggiore capacità, e facciansi profondi quanto si può. Bisognerà poter profittare dell'acqua che scaricasi dai tetti. Perciò si dovranno disporre le docce intorno ai medesimi, in modo che si riuniscano in uno o più punti, e vadano a cadere in un condotto che le guidi entro ai serbatoi. Ciò essenzialmente richiedesi a fine di poter raccogliere le acque che vanno cadendo in estate. Se un giardino non sia provveduto dell'uno o dell'altro mezzo d'innaffio riuscirà tristo, e sarà sempre in pericolo di perdere una buona parte delle sue piante. ... Tocca all'architetto il conoscere come possa economicamente e sicuramente eseguire manufatti che superino il giro dei secoli in durata quando sono bene eseguiti.[8]

16. Botte innaffiatrice sopra il carro (CAPPI, 1897).

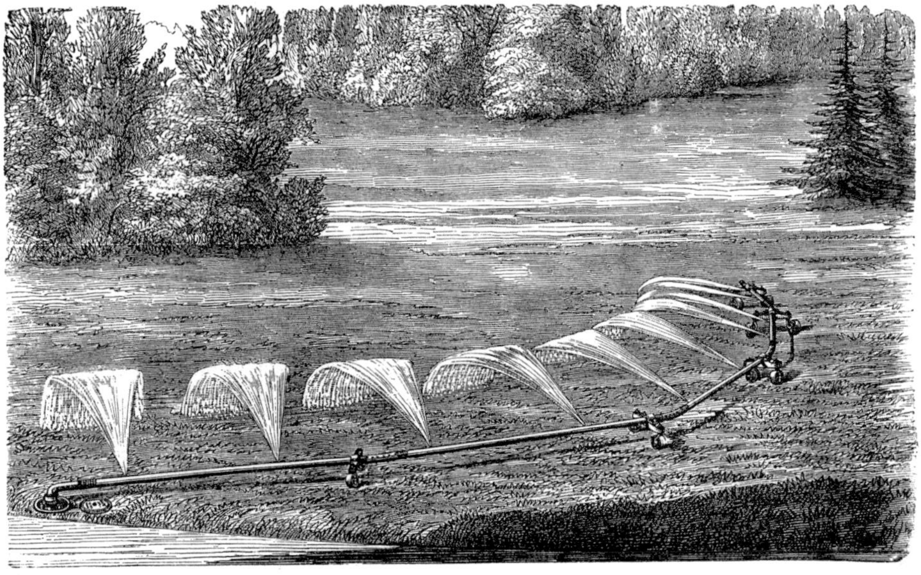

MODE OF WATERING THE GRASS IN THE PARKS, WITH PERFORATED HOSE ON WHEELS.

17. Tubo metallico a segmenti per annaffiamento (ROBINSON, 1869).

[8] RE, 1864[5], pp. 19-21. Anche A. PUCCI, 1983[12], p. 228 si esprime con grande decisione a favore delle vasche: «le vasche dei giardini, oltre ad essere un ornamento e una comodità per avere subito a disposizione una certa quantità d'acqua, sono anche utili e necessarie quando si abbia bisogno di purificare ed areare delle acque impure e poco ossigenate. Sono per questo scopo utilissime le cascate d'acqua, ove possono essere fatte, perché così l'acqua sbattuta si ossigena più facilmente». E ancora: «Nella costruzione adunque delle vasche consideriamole più come recipienti o depositi necessari che come parte di lusso e non sacrifichiamo le esigenze dell'ufficio cui sono destinate, alla bellezza più o meno architettonica. Prima il giardiniere fissi la capacità e i punti ove fa comodo

In giardini più piccoli, dove manca lo spazio per la costruzione d'una vasca o d'una cisterna, l'acqua piovana che scola dai tetti si raccoglie in conserve murate poste vicino alle gronde.

18. Pompa irroratrice (M. HADFIELD, *A History of British Gardening*, Great Britain, John Murray, 1979[3]).

Alla luce di queste osservazioni risulta più chiaro quanto sopra detto: dopo aver vagliato con accuratezza la consistenza e la qualità dell'acqua proveniente da sorgenti o acquedotti, questa sarà considerata insieme a quella piovana per definire un sistema di raccolta e conservazione, nell'ambito di un piano di irrigazione privilegiato, rispetto al quale l'annaffiamento automatizzato, lungi dall'essere bandito a priori dai giardini antichi, può essere utilizzato quando ne sia accertata la specifica utilità. Tale tecnologia comunque si addice più alle superfici erbose che non alle aiuole, dove la manualità del giardiniere è funzionale alle imprevedibili varianti del tempo atmosferico e singolarità degli individui vegetali. Progenitori dei moderni tubi in gomma erano strumenti quali le botti semoventi o montate su di una carriola (Fig. 16), oppure strumenti a segmenti metallici tubolari dotati di ruotine in corrispondenza degli snodi, comunque poco funzionali (Fig. 17). Esistevano anche botti adattate all'uso di irroratrici (Fig. 18).

che siano collocate e poi l'artista pensi alla parte estetica. Non è così dei laghi o laghetti, che possono servire, è vero anche nei depositi più grandi per l'acqua necessaria alle annaffiature, ma generalmente costruiscono una parte decorativa dei grandi giardini. E dico dei grandi giardini, perché nei piccoli il più delle volte non riescono che pozzanghere di acqua melmosa».

CONCIMI

I concimi appartengono alla famiglia dei fertilizzanti, e in particolare alla categoria dei fertilizzanti nutritivi. Essi infatti, arricchendo di nutrienti il terreno, ne migliorano o ne mantengono alta la fertilità.

La fertilità di un terreno è la capacità di far prosperare le piante che vi crescono; tutte le sostanze o gli elementi che permettono di conservare o sviluppare questa caratteristica appartengono, come i concimi, alla famiglia dei fertilizzanti, pur differenziandosi per il tipo di azione che svolgono: così, ad esempio, mentre gli *ammendanti* servono propriamente a mantenere efficiente la struttura fisica del terreno, i cosiddetti *correttivi* intervengono invece per reintegrare le carenze chimiche o biologiche dell'impasto.

Esempio di ammendante è la sabbia, preferita anche per il suo basso costo, utilizzata per modificare e rendere porosa la struttura asfittica dei terreni argillosi. Esempio non meno noto di correttivo è la torba (della quale si è parlato anche nel capitolo precedente), in special modo quella cosiddetta 'bionda', che, somministrata nella quantità di tre-quattro balle per ogni cento metri quadrati di terreno, è anche un ottimo acidificante, stabile e duraturo.

Mentre nella gran parte dei casi gli ammendanti e i correttivi svolgono una funzione specializzata, in quanto oltre a quello primario non conseguono altri benefici, per i concimi si configura una situazione più ampia e complessa, perché, specie se di natura organica, svolgono anche funzione ammendante e correttiva, offrendo al giardiniere delle possibilità in più che possono tornare utilissime.

Si tratta come si è detto di un'azione complessa, che oltre ad arricchire la fertilità chimica del terreno, induce reazioni biochimiche in grado di modificare la struttura del terreno.

Gli elementi fondamentali per la vita delle piante sono il carbonio, l'ossigeno, l'idrogeno, l'azoto, il fosforo, lo zolfo, il potassio, il calcio, il magnesio e il ferro. Il carbonio è assorbito in forma di anidride carbonica, l'ossigeno e l'idrogeno in forma di acqua; gli altri elementi sono assorbiti in forma di sali; lo zolfo, il magnesio e il ferro, che abbondano nel terreno, sono richiesti in piccole quantità: l'azoto, il fosforo, il potassio e il calcio necessitano alle piante in grandi quantità, ma la loro presenza in natura è molto esigua. Da tale squilibrio nasce l'esigenza delle concimazioni come costante indispensabile nella coltivazione dei giardini.

Le concimazioni possono essere di tipo chimico e di tipo organico.

Ciascuno dei due tipi presenta vantaggi e svantaggi: nel primo caso si hanno risultati mirati e controllabili, ma, per contro, onerosità e incertezza nella definizione degli elementi che li debbono costituire e nella programmazione del modo di somministrarli,[1] tanto che spesso è consigliabile far eseguire prima l'analisi chimica del terreno, e ancora, prima di dare avvìo alle concimazioni, si eseguono delle campionature su diverse porzioni di terreno, impiegando dosi e percentuali differenziate.

I concimi organici, invece, sono molto affidabili, hanno facili regole da rispettare, e offrono un esteso spettro d'azione; ma proprio per questo il loro effetto così generalizzato non può essere tanto specializzato come quello dei concimi chimici.

Nella maggior parte dei casi il tipo di coltivazione che contraddistingue i nostri giardini riguarda piante nostrane o acclimatate nel nostro clima. Del resto, salvo eccezioni, fra i nostri scopi ordinari non c'è la produzione di fioriture speciali o di fruttificazioni straordinarie, ma piuttosto quello, molto più modesto e concreto, di mantenere sane e vegete negli ambiti di una sostenibilità biologica le nostre piante. In definitiva la soluzione migliore è che il rapporto tra concimi organici e chimici si risolva in una relazione di complementarietà subordinata. Ruolo principale spetterà comunque ai concimi organici, che verranno integrati da quelli chimici ovunque si renda necessario, come nel caso dell'urgenza di far riprendere siepi bruciate dal gelo, o quello di far assumere colorazioni vive a fiori particolari, o quello di garantire il mantenimento della giusta acidità alle coltivazioni di gardenie o azalee. Si ricordi peraltro che i concimi organici, non disponendo sempre degli elementi della fertilità secondo l'ordine quantitativo voluto dalle piante, debbono essere comunque integrati di quando in quando con concimi chimici.

Ognuno, seguendo tali indirizzi nel proprio giardino, potrà mettere a punto un programma di concimazione su misura.

Vediamo ora più in particolare le caratteristiche e i tipi di questa categoria di concimi.

---

[1] Al di là della mera ricchezza di sostanze nutritive nel terreno – quella che determina la cosiddetta *fertilità chimica* – si deve tener conto del grado di compatibilità e di assimilabilità dei materiali: per cui nella valutazione dei concimi più adatti e del programma di concimazione, oltre che della ricchezza di per sé, bisogna tener conto anche della forma di combinazione degli elementi, del loro stato fisico, e della compatibilità reciproca.

Il primo e più importante di tutti è il letame. Si tratta di un impasto costituito dalle deiezioni solide e liquide degli animali mescolate a lettiera. Quello equino sembra risultare migliore rispetto a quello bovino, anche se in merito, su questo punto, le opinioni della manualistica ottocentesca divergono.[2] In genere comunque il letame equino, più caldo, si preferisce per le terre argillose, fredde e compatte, mentre quello bovino, meno caldo e a cessione più lenta, va meglio per quelle leggere, asciutte e calde.

In ogni caso la bontà di qualsiasi letame dipende dal processo di maturazione e da quello di conservazione. Un letame non del tutto macerato può causare alle piante un danno maggiore della scarsità di nutrimento alla quale si voleva sopperire. Quindi attenzione alle condizioni del letame, che quando è ben maturo è privo di odore, ha un impasto omogeneo, nero e umido, nel quale i componenti perdono la propria consistenza fisica e non sono più riconoscibili.

Il letame immette nel terreno microrganismi e batteri che fissano l'azoto atmosferico trasformandolo in azoto minerale, utilizzabile dalle piante.

Il problema della conservazione del letame nasce dalla difficoltà di conservare le sostanze nutritive. Per questo è importante dotare il giardino di una concimaia, che non sarà qualcosa di particolarmente difficile da realizzare: basta assicurarsi che sia coperta – ma non chiusa lungo i lati – per garantire la presenza dell'umidità necessaria a mantenere l'ambiente adatto, e che il fondo sia impermeabile, per impedire la dispersione della parte nutriente liquida. Sarà opportuno dotare la concimaia di un pozzetto di raccolta delle acque meteoriche, perché in tal modo si potrà disporre di acqua per innaffiare di tanto in tanto il cumulo di letame per inumidire la massa, regolarne la fermentazione e impedire un eccessivo disseccamento. Quando il letame si dispone in concimaia bisognerà fare attenzione che sia posato a strati, leggermente compresso e bagnato; raggiunta l'altezza voluta, che per comodità di lavoro non deve superare un metro e settanta d'altezza, si copre con uno strato di terra argillosa che garantisce la conservazione dell'umidità.

---

2 Cfr. Moretti – Chiolini, 1840[2], pp. 65-75: «Lo sterco di cavallo, di mulo e di asino, annoverato tra i concimi nutritivi caldi, costituisce la base della coltura de' giardini, sia che ci s'impieghi fresco per la costruzione dei letti caldi, o mezzo-decomposto a fine di rendere la terra più sostanziosa, o in stato di terriccio per la seminagione delle piante più delicate. Esso è veramente un ingrasso prezioso in quanto che, dice Noisette, conviene del pari alle terre fredde e calde, leggere e forti, sostanziose e magre, secondo la maniera in cui preparasi per usarne. Lo sterco bovino è grasso, untuoso, men caldo del precedente. Nei giardini si adopera di rado solo, e giova alle terre calde e leggere, alle quali concilia un certo grado di consistenza» rispetto al modo di vedere del Pucci, 1983[12], pp. 17-22 «...La base principale della concimazione sarà sempre il letame o stallatico, e per tutte le nostre culture, ma specialmente per quelle da giardino, bisogna preferire il letame bovino, ch'è un letame più caldo e sostanzioso... Soprattutto nei terreni sciolti si potrà usare con vantaggio il letame bovino, ch'è grasso e compatto e che così può giovare anche meccanicamente a quella qualità di terreni».

La maturazione del letame è un processo che dura alcuni mesi, durante il quale perde almeno il dieci per cento di sostanza organica e il quindici di azoto, variabile fino al cinque per cento nelle condizioni migliori e a quaranta in quelle peggiori di conservazione.

Mediamente per il letame bovino si ha la seguente composizione:

Azoto 4-5%
Fosforo 2-3%
Potassio 5-6%

Si distribuisce sul terreno in ragione di tre-quattro chilogrammi al metro quadrato, ma anche eccedendo tale limite la letamazione non nuocerà, e il suo effetto benefico, che va oltre il primo anno, avrà influenza positiva anche sulle colture degli anni successivi.

Il letame va incorporato nel terreno nel corso delle lavorazioni profonde del dissodamento, facendo attenzione che tra letamazione e messa a coltura trascorra un po' di tempo, per far sì che il concime possa esplicare la sua azione. Si badi che le radici non vengano a diretto contatto con il concime, perché potrebbero rimanere danneggiate dal riscaldamento che si genera durante la cessione del nutrimento. Quindi si letama in autunno, almeno per quanto riguarda questa prima letamazione di fondo che precede l'impianto vero e proprio; invece le concimazioni successive all'impianto, quelle cosiddette di copertura, ma anche quelle che comunque prevedono una lavorazione anche fino a trenta centimetri di profondità (come avviene per le rose) necessarie per riequilibrare il tenore della fertilità del terreno, possono essere somministrate all'inizio della primavera, cioè, più in generale, messe a disposizione delle piante non prima di quando queste siano in condizione di utilizzarle.

Oltre al letame esistono altri tipi concimi organici; in pratica quasi tutte le deiezioni degli animali da fattoria: ovini, conigli, maiali ecc. Quelli utilizzati più frequentemente sono la pollina e la colombina, prodotti rispettivamente del pollaio e della colombaia; sono concimi ricchi e concentrati, adatti allo sviluppo delle colture erbacee. La colombina è migliore della pollina, ma entrambe vanno usate con molta precauzione, perché sono caldissime e facilmente bruciano le piante: si può diluirle in terricci oppure – e questo è il metodo più diffuso – in acqua, nelle proporzioni del 25% per le piante in piena terra e del 50% per quelle in vaso. Il giardiniere non dovrebbe mai tralasciare di riservare, nel suo giardino, un luogo ombroso dove situare una grande conca per la formazione di quello che i giardineri toscani chiamano *brodolone*. Questo è un'acqua nella quale si lascia stemperare per diversi giorni un sacchetto di tela riempito di pollina e colombina, avendo l'accortezza di mescolarlo di tanto in tanto per facilitare l'amalgama degli elementi nutritivi.

Il *brodolone*, o concio, è prezioso in tante occasioni, in particolare per l'annaffiamento delle colture in vaso. Queste concimazioni liquide hanno il vantaggio di agire più prontamente di quelle solide; ma bisogna somministrarle con prudenza, e le prime volte aggiungere ancora più acqua al concio, affinché la pianta si abitui gradualmente a questo tipo di nutrimento. Non si concimi di giorno, ma preferibilmente di sera. Se il terreno è arido, sarà bene inumidirlo qualche ora prima della concimazione (per facilitare l'assorbimento del concime liquido), e se il tempo è umido e piovoso le dosi potranno essere leggermente aumentate.

Per i prati tornano molto utili la cenere e la fuliggine, perché ricche di potassa e di fosfati la prima e di potassa e di azoto la seconda.

Altre sostanze di origine organica sono utilizzate con vantaggio nelle composizioni dei concimi, mescolate in relazione alla loro velocità di cessione: il sangue secco e i semi di lupino (ricchi di azoto, leggermente tostati per distruggerne la facoltà germinativa, consigliati per la coltura degli agrumi), hanno decomposizione sollecita, come anche i panelli di semi oleosi (per terreni calcarei); i cenci, i cascami di lana (adatti per terre leggere e sabbiose), i peli, le penne, la limatura di corna e i cuoiattoli sono invece a decomposizione lenta.

POTATURE

> Né infine dobbiamo trascurare il sentimento che, nella misura in cui la scienza interferisce con l'ordine naturale delle cose, essa risulta intrinsecamente pericolosa.
>
> E. HOBSBAWM, *Il Secolo Breve*, Milano, SB Saggi, 2000[3].

Analizzando comparativamente più testi ottocenteschi riguardanti tale argomento, ci si accorge che spesso i contenuti sono molto distanti tra loro, e più in generale non è facile, comparandoli, desumere un'idea sinteticamente organica dei tanti tipi di potature e del loro utilizzo più appropriato.

Tale incertezza non va certo addebitata agli autori degli scritti, quasi tutti praticamente esperti dei temi trattati. Essi rispecchiavano nondimeno una realtà italiana, dove, salvo poche eccezioni, non vi è stato, nel XIX secolo, uno sviluppo dell'arte e della tecnica dei giardini all'altezza di quelli delle altre nazioni europee, e dove le società di orticoltura, salvo in parte quelle toscana e lombarda, vivevano per lo più isolatamente le proprie esperienze.

Si aggiunga che, ad un esame razionale sia di tipo concettuale che di tipo empirico, non è possibile individuare modelli generalmente rappresentativi di alberi coniugabili ad una univoca gamma di tipologie di potature. Proprio in quanto esseri viventi gli alberi, sia pure del medesimo genere, specie o varietà, ma addirittura anche posti a dimora nel medesimo ambiente, restano *individui*, e così di conseguenza tali saranno anche le loro potature, per cui ogni situazione va studiata o perlomeno verificata ogni volta caso per caso.

Ecco perché, anche discutendo questo argomento, in accordo con le premesse al presente scritto, si cercherà di concentrare la trattazione del tema sulla sostanza e sul significato ideologico di questo luogo culturale e tecnico di grande importanza. 'Smontare' il sistema che risponde al concetto di potatura, esaminare uno per uno i suoi elementi strutturali e le correlazioni tra gli stessi, anziché formulare procedimenti sostanzialmente virtuali, sempre validi teoricamente e mai perfettamente nella pratica applicazione, può servire a metterci in una condizione di sapienza e di creatività grazie alle quali saremo all'altezza di situazioni quasi sempre originali.

In un ordine propedeutico alla migliore comprensione secondo i criteri prefissati, esaminiamo brevemente il concetto di 'naturalità' della pianta e del suo rapporto con la relativa efficacia figurativa, quella che potremmo osare riconoscere nel concetto di 'bellezza'.

Solo in una realtà dove l'uomo non avesse ancora abusato del suo potere mentale, un organismo vegetale può essere considerato in condizioni naturali: un albero cresce per lo più nel contesto di un'associazione vegetale, quale una foresta, e segue il ciclo biologico di sviluppo, trasformazione e morte. La sua forma sarà il risultato della sinergia tra il carattere genetico e le condizioni ambientali, tanto che porterà contemporaneamente foglie verdi e rami sani insieme a rami spezzati o secchi, per quella che è nei fatti l'unica potatura realmente definibile come naturale (Fig. 19). Pur se l'imprevedibilità dell'impollinazione provocherà lente ma inesorabili modifiche dell'identità genetica, la stessa foresta di cui il singolo albero fa parte, nel tempo, subisce, in quanto cenosi, un correlativo processo di sviluppo, di morte e di rinascita sotto forma e materie nuove.

All'interno dell'associazione vegetale il portamento del singolo individuo dipende quindi da una consistente gamma di variabili endogene ed esogene quali, tra le altre, l'indice di affollamento, la nutrizione, l'ambiente atmosferico. Così, in una foresta, un individuo potrà avere un portamento compatto, oppure sarà fastigiato e a fusto perfettamente dritto. Se un'altra pianta più grande lo

19. Albero forestale mai potato (Du Breuil, 1846).

aduggia, piegherà il fusto alla ricerca della luce. Ma quando un albero è isolato o molto distanziato da un suo simile, la chioma tende alla massima espansione e alla configurazione formale e dimensionale tipica della sua specie.

Anche con tali banali esempi, si vede come in natura le variabili condizionino tanto la forma di un albero, anche per la dimensione ed il colore delle foglie, come per il colore e la forma della corteccia, da far sembrare diverse tra loro anche piante della medesima specie.[1]

Individuare quindi una realtà definibile come forma 'naturale' di una pianta, piuttosto che difficile, è un'ipotesi di ricerca mal posta. Quello della 'naturalità' di un albero, se coltivato, sembra piuttosto un non-luogo, un'utopia, ancorché a suo tempo, nel XVIII secolo, posta tra le premesse compositive fondamentali del giardino di stile inglese.

Quando un albero nato da seme e non deturpato da improvvide e precoci potature, senza eccesso di produzione vegetale, cresce in forma libera ed in buone condizioni fitosanitarie, esso trova in se stesso tanto le ragioni della sua bellezza che l'equilibrata forza elastica per il sostegno statico di ogni sua membratura, e non chiederà potature se non pochi e modesti tagli volti ad assecondare nel corso degli anni il suo sviluppo naturale (Fig. 20).

Se quindi non esiste una pianta simile ad un'altra, e se, come abbiamo osservato, resta ancora oggi una certa disparità di modi di vedere in merito alla questione delle potature, si può provare a rovesciare i termini e l'ordine della trattazione, partendo dall'albero stesso e dai suoi requisiti di fisiologia vegetale: le gemme, l'età, la crescita, la resistenza ai traumi.

Le gemme non sono tutte dello stesso tipo: quelle *fogliari* condizionano la forma della pianta, quelle *fiorali* la fioritura e la fruttificazione. Dovendo impostare, mantenere o correggere la forma di una pianta, i tagli vanno concepiti sulla base di uno studio delle gemme fogliari; se l'obbiettivo è la fioritura o la fruttificazione che da essa dipende, si dovrà tagliare, come si vedrà, in relazione alle gemme fiorali, alla loro posizione sul tronco o sul ramo, la loro forza, ecc.

A seconda dell'età la potatura dovrà *guidare* la pianta quando è giovane, *mantenerla* nella forma acquisita e in buono stato di salute quando è adulta, *perseguire la sicurezza statica* in vecchiaia. La maggiore o minore resistenza ai traumi dei tagli darà la misura del limite degli interventi possibili.

Un'importante legge della fisiologia delle piante vuole che – nel rispetto delle caratteristiche genetiche di ciascuna specie – tra la parte ipogea e la parte

---

[1] FOGG, 1963, p. 256: «...una definizione data dal botanico greco Teofrasto (nato nel 370 a.C.), 'in realtà la pianta è una cosa varia e multiforme e pertanto è difficile descriverla in termini generali', sembra l'unica vera in base alla gran copia di risultati ottenuti col fitotrone».

20. *Sophora Japonica pendula*, uno di quegli alberi spoglianti l'aspetto dei quali, d'inverno, se ben potati, è preferibile a quello di tanti alberi sempreverdi (ROBINSON, 1869).

epigea di un organismo vegetale si istituisca un rapporto di equilibrio e di corrispondenza tanto dimensionale che formale. È il motivo per cui, ad esempio, le radici del cipresso vanno a fondo senza allargarsi, e quelle del pino, al contrario, si estendono orizzontalmente in prossimità della superficie del suolo. Anche se questa impronta genetica, per le difficoltà ambientali che costituiscono quasi un dato di fatto ordinario, è da considerare quale tendenza ad un limite piuttosto che vera e propria certezza, essa è sostanzialmente vera. Quando tale equilibrio tra parte epigea e parte ipogea viene alterato da accidenti esterni (appunto potature, nel nostro caso), l'organismo vegetale, al fine di ricostituirlo, reagisce con una iperproduzione di cellule che chiama ad un violento sforzo il metabolismo. Per tale ragione, nella stagione successiva all'intervento di taglio, dalla sezione di un ramo resecato, lungo la superficie di tronco sottostante residua, vediamo apparire una consistente quantità di nuove gemme pollonanti. Tale iperproduzione non cesserà fino a quando non sia ricostituito l'equilibrio della pianta, evento che richiede anni ed è di fatto molto raro, da considerare in buona sostanza anch'esso come una sorta di limite.

Quando gli eventuali traumi esogeni si ripetono nel tempo medio (potature o tosature cicliche) allora l'organismo, ripetutamente sollecitato, volge verso uno stato di vero e proprio *stress* che ha come conseguenza la riduzione della durata della vita. Considerando poi le infezioni che attaccano l'organismo vegetale attraverso tagli malfatti, e che il terreno tende per lo più ad essere impoverito dalla durata dell'identità della coltivazione,[2] si capisce che la vita delle piante in un giardino è comunque una vita comunque ben più breve rispetto a quella degli organismi vegetali spontanei della medesima specie. È questo un argomento d'importanza, perché ne deriva che, se si voglia conservare in buono stato un giardino, ciò può avvenire soltanto, con tempi e cicli differenziati, mediante il regolare *rinnovo* delle piante che lo formano (si veda il capitolo sul vivaio).

Altro insieme di conoscenze utile alla progettazione di una buona potatura è quello relativo all'organismo vegetale dal punto di vista più specificatamente statico. Sappiamo che l'albero che noi vediamo è solo la metà di un individuo, espanso con l'altra sua metà nel terreno. Al di sopra del colletto si sviluppano il tronco ed i rami, al di sotto le radici.

Le cellule che formano un organismo vegetale sono di tipo *meristematico*, cioè dotate di capacità di trasformazione. Tali cellule, nell'ambito della loro specifica funzione, assumono una configurazione allungata tubiforme, e si organizzano insieme per lo più disponendosi secondo figure che ricordano quella di un cono allungato, leggere come una tunica. Nell'insieme la struttura che si viene a determinare è piuttosto complessa,[3] ma a noi basta qui sapere che l'albero, nella sua totalità di parte ipogea e parte epigea, è costituito da un sistema seriale di tali tuniche sovrapposte l'una all'altra. Tale sistema è complesso e in parte ancora non perfettamente conosciuto in tutti i suoi aspetti fisiologici. Tuttavia, per un'esposizione sintetica, possiamo concepirlo come composto da una coppia di tessuti chiamati rispettivamente cambio suberofellodermico (esterno) e cambio libro-legnoso (interno). Il primo genera i tessuti corticali. Il secondo forma verso l'esterno il *floema*, volgarmente detto *libro*, deputato alla conduzione della linfa elaborata, e verso l'interno lo *xilema*, volgarmente detto legno, deputato al trasporto dell'acqua e dei soluti in essa disciolti dalle radici alle foglie. Le tuniche dello xilema sono quelle dimensionalmente più importanti; formano il fusto e lo sostengono in quanto sature di liquidi in pressione. I vasi legnosi che costituiscono le tuniche sono rinforzati e

---

[2] Cioè dal fatto che in un giardino non esistono rotazioni, in quanto, almeno come tendenza, le piante poste a dimora in origine, cui spetta di conservare la forma del giardino, devono esser sempre della stessa specie.

[3] Cfr., nell'ambito della vasta letteratura scientifica specifica, due opere, appartenenti a due epoche e a due modalità di approccio rispondenti all'età di produzione, ma di corrispondente efficacia per capacità di sintesi e chiarezza espositiva. Rispettivamente: GOLA, 1951, e FOGG, 1963.

resi flessibili da una sostanza detta *lignina*, che si deposita a spirale sulle loro pareti e che con il tempo si ispessisce finendo con l'occludere completamente il lume del vaso dopo un periodo medio approssimativo di cinque anni. Ne consegue che in un organismo vegetale superiore sono vive soltanto le prime cinque tuniche (in sezione trasversale anelli) a partire dall'esterno, mentre tutte le altre, ormai morte, formano il legno, cosiddetto *durame*, di dimensione tanto più importante quanto più è vecchio l'organismo vegetale (Fig. 21).

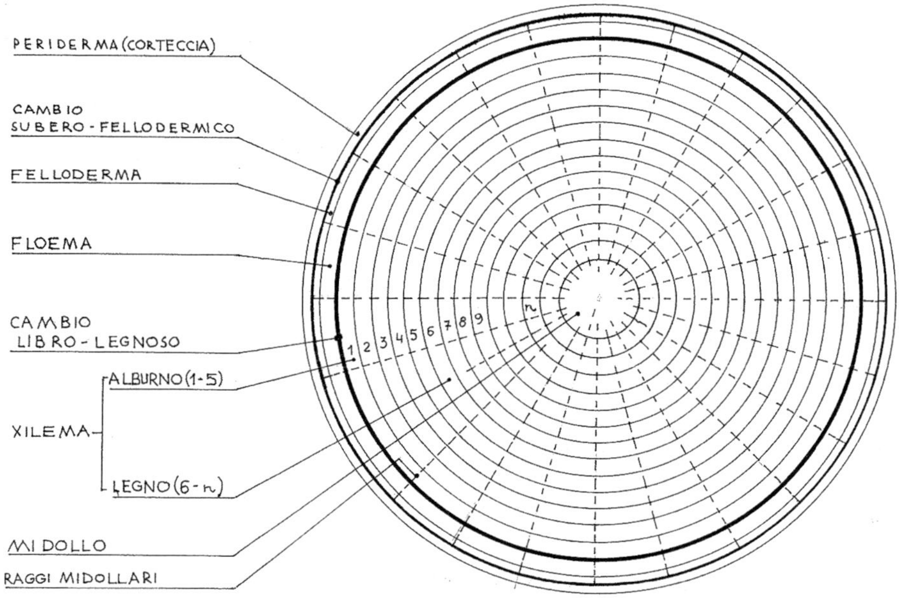

21. Sezione di un albero che evidenzia l'organizzazione ed i ruoli dei tessuti meristematici che lo compongono.

Tale aspetto è importante, perché significa, ad esempio, che un albero di 50 anni nasconde al suo interno una massa inerte, priva di funzione sotto il profilo fisiologico, e virtualmente addirittura dannosa sotto il profilo statico, perché pesante ed inerte. È il motivo per cui si vedono tanti vecchi alberi cavi ridotti quasi alla forma di un vero e proprio cartoccio cilindrico, eppure perfettamente vegeti.

Al di sotto del suolo, la statica della pianta è invece assicurata dall'apparato radicale, che funziona, almeno in parte, come l'ancora di una barca. Infatti, quando l'albero flette per la spinta del vento, le radici, dalla parte opposta alla sollecitazione, tendono ad essere tratte (Fig. 22). Tale azione di sfilaggio induce

I

II

I. Fiesole, villa Medici, tunnel di lecci lungo la terrazza-belvedere. **II.** Versailles, Petit Trianon, ricostituzione di un massivo geometrizzato di *Taxus baccata*.

III

IV

V

III. Firenze, Giardino dei Semplici (Orto Botanico) grande esemplare di sughera (foto dei primi del '900). **IV.** Firenze, villa della Petraia, il grande leccio cosiddetto 'di Vittorio Emanuele' in una fotografia dei primi del secolo scorso (cfr. fig. 56). **V.** Muskau (Sassonia) Parco del principe Pückler, parte del bosco ceduata per ripristinare una veduta secondo il progetto originale (1993).

VI

VII

VIII

VI. Muskau (Sassonia) Parco del principe Pückler, una delle secolari querce trapiantate dal principe alla fine del XIX secolo. **VII.** Muskau (Sassonia) Parco del principe Pückler, ripiantumazione di una quercia utilizzando il cavo dell'individuo originale morto in pianta. **VIII.** Poggio a Caiano (Firenze) villa Medicea, i cedri del parterre. L'esemplare sulla destra, a venti anni da un intervento di dendrochirurgia che ha ricompattato il fusto lesionato da un fulmine.

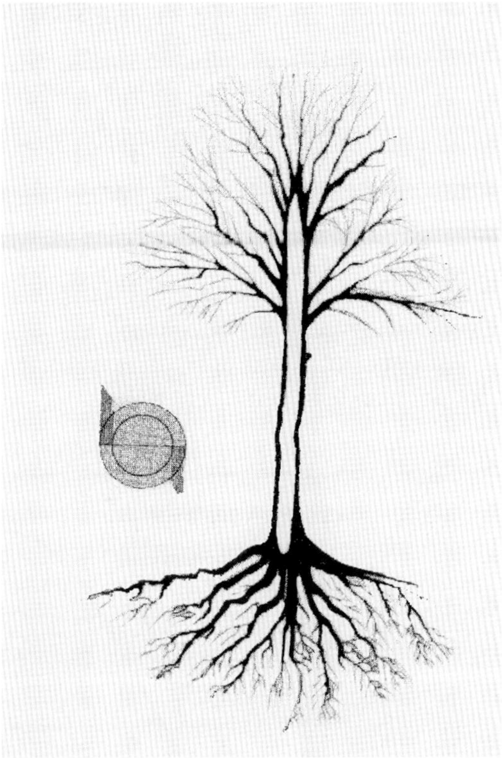

22. Schema grafico della struttura statica di un albero.

una perdita di aderenza tra la superficie esterna delle radici e l'impasto terroso nel quale sono infisse; di conseguenza, nel segmento medio del tempo, ogni sollecitazione esterna provoca uno sfilaggio almeno parziale delle radici e induce un più o meno grave stato di instabilità, la quale però, tenuto conto della naturale ricrescita dell'organismo vegetale, è transitoria, perché le radici, crescendo, rincalzano continuamente il terreno ricostituendo la necessaria continuità fisica.[4]

Altra conoscenza utile per le scelte di una buona potatura riguarda alcuni aspetti della crescita delle piante sotto il profilo biologico. Il primo è che nel codice genetico degli organismi vegetali non è stato ancora studiato in maniera esaustiva il fenomeno della morte.[5] Se le condizioni ambientali fossero ideali, una pianta, pur con un progressivo rallentamento, crescerebbe per una durata indefinibile, e la morte sopravverrebbe o perché a causa delle grandi dimensioni la linfa non è più in grado di raggiungere i rami più alti, o a seguito di malattie dalle quali la pianta, divenuta vecchia, non sa più difendersi con la dovuta energia.[6] Questo

[4] In terreni poco plastici l'interruzione della coerenza tra radici e impasto terreno si può verificare anche in assenza di sollecitazioni esterne.

[5] B. Chiarelli, *Dalla Natura alla Cultura, princìpî di Antropologia*, Padova, Piccin-Nuova Libraria, 2003, vol. III, pp. 265-266: «Tutto quello che interferisce con l'autoduplicarsi del codice genetico nelle cellule di un organismo [...] costituisce la morte. La morte [...] è pertanto un fenomeno secondario, dato che il 'protoplasma' è potenzialmente immortale».

[6] Gola, 1951, pp. 220-221: «I modi, i motivi, il tempo della morte dei vegetali sono così variabili da costituire un'ampia gamma di fenomeni. [...] Nelle piante superiori la vitalità degli organismo non subisce una subitanea caduta; ma si verifica una graduale morte di singole cellule, mentre la parte rimanente resta funzionante in pieno, o anche si rinnova e si accresce».

spiega perché esistono in diverse specie di organismi vegetali piante anche millenarie.[7]

Il secondo aspetto riguarda la curva dello sviluppo fisico degli organismi vegetali in relazione all'età (Fig. 23). In un albero esso è mediamente pari al 60% da zero a venti anni, al 30% da 20 a ottanta, dal 5% fino allo 0% in piante oltre gli ottanta anni.[8] Tale caratteristica tendenza al decremento della crescita in funzione dell'età, determina anche la produzione di rami secchi dalla periferia verso il centro, e la corrispondente necrosi delle estremità delle radici. È la ragione per cui queste piante, perdendo aderenza con il terreno, diventano instabili e pericolose.[9]

Ancora un punto utile da conoscere è quello comunemente denominato 'dominanza della gemma apicale', una delle espressioni più evidenti del mec-

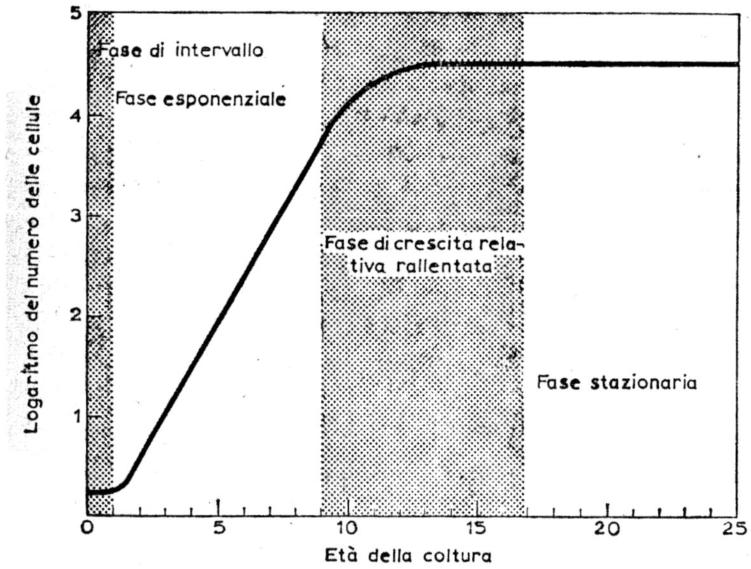

23. Diagramma di crescita di un organismo vegetale (FOGG, 29).

---

[7] FOGG, 1963, pp. 37 sgg.

[8] FOGG, 1963, p. 17: «È evidentemente regola generale che la capacità di crescita di una pianta aumenti per un periodo e poi, molto prima della sua morte, diminuisca».

[9] Ecco perché gli alberi vecchi vanno recisi. Soprattutto nelle alberate cittadine, a causa dell'accresciuto degrado ambientale, il limite di età per la recisione di accorcia. Si veda il caso di Versailles, in P.A. LABLAUDE, *The Gardens of Versailles*, Scala, 1995, circa il grave danno indirettamente derivato alcuni anni fa dal mancato rinnovo delle alberature, pratica manutentoria ordinaria che in quel famoso parco era sempre stata effettuata fin dalla nascita.

canismo di correlazione che regola l'intero organismo vegetale.[10] Esso consiste nel fatto che la gemma terminale di una pianta è generalmente quella più attiva nella crescita, perché più vicina al sole, e questo nonostante, a causa della distanza dall'apparato radicale, sia invece situata nella posizione meno favorevole al rifornimento delle sostanze nutritizie. Tale fenomeno riguarda l'intero sistema, e, per un effetto inibente di ciascuna gemma rispetto a quella progressivamente appena sottostante, tende a diminuire con l'avvicinamento al suolo. Fogg spiega efficacemente come si può controllare la forma di una pianta con una potatura in base a questo processo:

> L'effetto inibente della gemma terminale sulle gemme situate inferiormente si annulla, se essa viene tagliata o danneggiata; crescono allora una o più gemme laterali più basse sul fusto, che loro volta esercitano un effetto inibente sulle gemme sottostanti. Questo fenomeno permette ai giardinieri di dare una forma particolare alla pianta mediante potatura.[11]

La gemma apicale cresce quindi più rapidamente e più vigorosa di quelle laterali, delle quali al tempo stesso inibisce l'incremento. Eliminando la gemma apicale cessa l'influenza inibitoria, e le altre gemme riprendono la crescita inducendo un trasformazione del portamento della pianta, la quale diviene così più globosa, bassa e compatta.[12] La dominanza apicale è il fenomeno che determina la prevalenza del portamento monopoidale (tronco unico dal quale si sviluppano i rami laterali) su quello dicotomico (tronco che si biforca in più branche) soprattutto nel caso delle sempreverdi. Con una consapevole gestione delle potature basato sul sistema della dominanza delle gemme apicali, specie intervenendo nell'età più giovane, si può indirizzare l'aspetto di una pianta verso forme del tutto diverse da quelle che avrebbe assunto se lasciata al suo portamento spontaneo.[13] Comunque il taglio deve essere praticato al di sopra

---

10 FOGG, 1963, p. 212: «Nessun centro di crescita in un albero si sviluppa in modo sproporzionato, in modo tale, per esempio, che un ramo diventi lungo e sottile e incapace di sopportare il proprio peso oppure continui ad aumentare di circonferenza, quando il suo allungamento è cessato».

11 FOGG, 1963, p. 215.

12 Il *Gradiente di vegetazione*, cioè la lunghezza che raggiungono i germogli di un ramo, può essere regolato e variato anche modificando la posizione del ramo stesso, obbiettivo facilmente conseguibile applicando dei pesi al ramo per mezzo di cordicelle. Disponendo il ramo in posizione orizzontale i germogli del tratto basale diventeranno più lunghi di quelli del tratto apicale; piegandolo oltre l'orizzontale il gradiente di vegetazione addirittura si inverte. Curvandolo ad arco la dominanza sarà assunta dalle gemme del lato dorsale più elevate rispetto alla verticale.

13 Si pensi ai platani dei lungotevere romani, che, al fine di facilitare la procumbenza della chioma verso il fiume per nascondere l'eccessivo biancore dei muraglioni ottocenteschi, vennero impalcati a vaso, contro il loro naturale portamento monopoidale.

della gemma scelta, non troppo distante perché il moncone potrebbe seccare e generare marciume, ma nemmeno troppo vicino alla gemma perché la potrebbe danneggiare. Il bilancio fisiologico della pianta vuole che quanto più lungo è il ramo tagliato, tanto più vigorosa sarà la nuova cacciata. È il motivo per cui, quando si vuole stimolare l'attività vegetativa, conviene eliminare soprattutto i rami più deboli a vegetazione stentata, mentre si potano 'a corto' le piante più deboli e 'a lungo' quelle molto vigorose.

La rispondenza tra le parti delle piante fa sì che ad ogni taglio corrisponda una reazione dell'organismo vegetale: la conoscenza della fisiologia vegetale non si spinge ancora tanto avanti da controllare tutti i tipi di reazione alle diverse modifiche della forma; tuttavia le più note sono conosciute, e si confermerà ancora una volta l'importanza della sperimentazione a soccorrere i vuoti della scienza.

Se, come abbiamo fin qui argomentato, non esistono tipi di potature (come a ben vedere non esistono tipi, ma soltanto individui vegetali) esistono però alcune classi di riferimento abbastanza generali, già accennate, che possiamo riassumere per comodità in quattro schemi fondamentali:

– potatura finalizzata alla produzione (di fiori e quindi di frutti, o solo di fiori);

– potatura finalizzata alla determinazione o al mantenimento di una forma (alla quale appartiene anche la tecnica più specificatamente denominata tosatura, per le piante sagomate, della quale parleremo nel capitolo dedicato alle siepi);

– potatura finalizzata alla salute della pianta;

– potatura finalizzata alla messa in sicurezza della pianta – tecnica che si adotta in modo particolare per le piante molto vecchie, e che non va confusa con la recente disciplina denominata chirurgia degli alberi, della quale si parlerà più avanti.

Da tale serie di riferimento discendono tutti i tipi, virtualmente tanto numerosi quanto i casi stessi che si pongono, di potature.

Poiché, anche nelle tecnologie sempre più avanzate, le potature si effettuano generalmente mediante ferri agenti o per taglio o per resezione, ecco alcune norme da seguire sempre:

– si deve potare quando la pianta è in condizioni di metabolismo rallentato, quindi meglio nei mesi invernali o, in via subordinata, in agosto, altro mese durante il quale, a causa del grande caldo, si verifica un fermo dell'attività vegetativa. Se il trauma della potatura interviene su di un organismo fisiologicamente in riposo, ridotte saranno le conseguenze negative dei tagli. Logico quindi potare durante la stagione invernale, quando tali condizioni intervengono naturalmente e sussistono fino a febbraio. Non bisognerebbe aspettare più oltre, perché, tra il momento in cui riprende l'attività dei succhi linfatici e quello in cui i suoi effetti appaiono sulla pianta, trascorre almeno un mese. Se si indugia a potare fidandosi delle apparenze che mostrano un albero ancora apparentemente del tutto spoglio, il primo taglio svela l'errore con una sorprendente emissione di linfa frutto dell'attività già in atto. Il periodo invernale sembra messo a nostra disposizione dalla natura stessa per intervenire con le potature: basta far uso di un po' di buon senso, debitamente integrato dall'esperienza (accettiamo quindi di buon grado gli errori dei primi interventi), per costituire un bagaglio di corollari da utilizzare volta per colta nel proprio caso, simile, ma sempre diverso da ogni altro.[14]

– Ad operazione conclusa i tagli non debbono avere sbavature e debbono essere tali da non provocare nemmeno indirettamente o su altre parti della piante il ristagno dell'acqua. A tal fine, poiché nella maggioranza dei casi i tagli presentano una finitura grossolana perché avvengono mediante seghe a mano o a motore dalla grossolana dentatura, è necessario ripassare le superfici segate rifilandole mediante coltelli molto affilati o rasoi. Poiché ogni taglio, ancorché ben rifinito, è una potenziale via di accesso agli attacchi crittogamici e di insetti, è importante che il processo di cicatrizzazione avvenga nel più breve tempo possibile. Negli anni trascorsi è invalso per un certo tempo il criterio di 'tamponare' le ferite con mastici di vario tipo, ma ben presto tale metodo è stato abbandonato in quanto tale mastice finiva con il soffocare la superficie tagliata e impediva il processo di ossidazione rallentando, anziché velocizzare, la formazione del cercine o callo di cicatrizzazione. Oggi è quasi generalmente invalsa la tendenza a non sigillare affatto le superfici tagliate, per le quali è sufficiente un taglio ben eseguito e l'aspersione di adeguati antisettici. Avviene qualcosa di simile a quanto accade negli organismi animali; una ferita da strappo si ricuce con maggiore difficoltà di una da taglio, che invece, grazie alla sua nettezza, in certi casi cicatrizza anche soltanto facendo ricombaciare gli opposti lembi. Ecco quindi un accorgimento utile: disporre sempre di attrezzi affilati e disinfettati (per evitare la trasmissione di infezioni) e tagliare con la massima cura, per ottenere superfici lisce, senza sbavature e strappi.[15] In secondo luogo si dovrà a tutti i costi evitare il ristagno d'acqua.

---

[14] La norma prevede tuttavia alcune eccezioni già in fase di teorizzazione: infatti esistono casi in cui la potatura può farsi anche in altri periodi dell'anno, come appresso vedremo; unico divieto quello di potare da aprile a maggio (periodo del maggior afflusso di linfa) su alberi, specie se giovani, come l'acero, la betulla, il faggio, il carpino, ma anche numerose leguminose, fra cui la sofora, particolarmente soggetti in quell'età all'emissione della linfa.

[15] Il materiale di risulta delle potature è multiforme: si va dal frascame, alla piccola ramaglia, alla media e alla grossa pezzatura. Ognuno di tali tipi va gestito in una maniera diversificata, sulla quale qui non ci soffermiamo se non per indicare che il frascame è molto utile al giardino per la for-

– Ovunque si individui una sacca o un'ansa del tronco, praticare un taglio che abbia la superficie piana e inclinata, e poi far sì che l'inclinazione volga verso l'esterno della pianta, per impedire che l'acqua, scolando, ritorni sui rami o sul fusto. Fare anche molta attenzione alla zona periferica tra legno, cambio[16] e corteccia, perché eventuali distacchi tra queste parti sono insidiosi veicoli d'infiltrazione e di successivi processi degenerativi dei tessuti.

Quando si debba recidere un ramo di grosse dimensioni esistono due momenti di difficoltà e di rischio: quello che il ramo ceda all'improvviso strappando la corteccia della parte rimasta attaccata al tronco, provocando lesioni gravi alla pianta; e quello dei danni che il ramo, cadendo a terra, potrebbe causare. Per evitare o ridurre tali rischi si ricorre a diversi metodi; qui ne indichiamo uno che ci è apparso tra quelli di più generale affidabilità e validità. Innanzitutto si deve assicurare il ramo ad un altro ramo più alto sufficientemente robusto, o addirittura a più di uno. Si fissa la corda al ramo e poi la si fa passare attorno a quello destinato a reggere il l'urto e poi il peso con un doppio giro, senza nodi (cosiddetto 'giro morto'). L'estremità della fune sarà tenuta da uno o due uomini a terra, i quali, a taglio avvenuto, caleranno a terra il ramo allentando la presa della corda. Bisogna stare molto attenti nell'eseguire questa operazione, perché c'è il rischio che nella zona dove stringe la corda questa laceri la corteccia, circostanza particolarmente infausta per la salute della pianta. Una volta disposte tali precauzioni, si iniziano le operazioni di potatura praticando un taglio dalla parte inferiore del ramo, ad una distanza dal tronco di circa trenta centimetri. Questo taglio non dovrà essere passante, ma parziale, e si approfondirà all'incirca per un quarto della sezione, in pratica fino a quando la sega potrà operare senza sforzo. Quando il peso soprastante del ramo comincerà a serrare la lama, quello è il momento di fermarsi. A questo punto si passa ad effettuare il taglio principale dalla parte opposta superiore del ramo, ad una distanza approssimativa di cinque centimetri dal primo verso il tronco. Così facendo quando il ramo si distaccherà non provocherà strappi, lasciando un

---

mazione dei terricci, e che la piccola ramaglia e la media pezzatura sono utili per il caminetto. La grande pezzatura, qualora non serva per la falegnameria, è destinata ad essere distrutta nelle discariche pubbliche autorizzate. La bruciatura in sito è generalmente vietata dalla legge, quindi non è possibile mantenere quelle aree che venivano appositamente previste nei giardini antichi, con la brace sempre accesa, dove si portano a bruciare i residui delle potature, luoghi che costituivano un elemento caratteristico, e che spargevano un delizioso profumo a seconda delle essenze bruciate, le quali, per la modesta quantità prodotta dalle potature di un giardino ancorché vasto, non erano dannose per la salute. Io ricordo ancora con grande piacere questo profumo quasi religioso durante i sopralluoghi nelle mattine invernali a Boboli. In aperto contrasto con le disposizioni di legge è invece l'assoluta necessità di bruciare subito e sul posto qualsiasi parte di potatura di una pianta malata, specie se attaccata da funghi, che diversamente contagiano le altre piante con grandissima facilità.

[16] Cfr. nota precedente, e più avanti, quanto riguarda la chirurgia degli alberi.

24

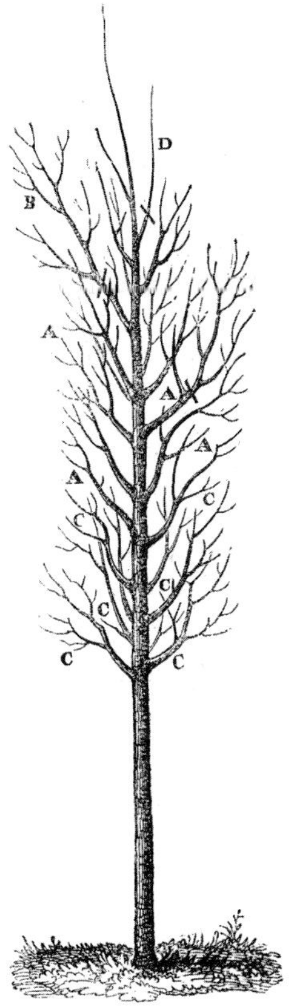

25

24. Potatura progressiva di un ramo sul tronco di un albero (Du Breuil, 1846).
25. Giovane olmo sottoposto a potatura di formazione (Du Breuil, 1846).

troncone di circa trenta centimetri. Prima di calarlo definitivamente a terra bisogna stare molto attenti e aspettare che abbiano termine gli sbandamenti nel vuoto. Per completare il lavoro, bisognerà poi rifinire il troncone, che, così com'è, potrebbe essere potenziale veicolo di infezioni. Quando il ramo è molto lungo, l'operazione va risuddivisa su segmenti diversi (Fig. 24).

Ora richiamiamo alcuni fra i più generali modelli di riferimento che, adeguatamente utilizzati e specializzati, servono da punto di partenza per ogni potatura specifica. Fra questi è la potatura di formazione (Fig. 25), cioè quella che si fa quando l'albero è ancora in vivaio, nei primissimi anni di età, al fine di indurlo a sviluppare una determinata forma. Per questa pratica, soprattutto in Italia, dove le conoscenze orticolturali non sono diffuse come in altri paesi, si supplisce generalmente e impropriamente trasferendo in questo campo giardiniero i tipi di potature delle coltivazioni produttive, e frutticole in particolare. Spesso poi, dinanzi ai risultati negativi, si cerca di riparare con interventi correttivi che hanno effetti ancor più dannosi per la pianta. Questo, come si vedrà più avanti, vale anche per la potatura di mantenimento, o per quella cosiddetta di 'ritorno', o dovunque l'uomo voglia, per motivi estetici, dire la sua obbligando la natura a piegarsi ai suoi voleri. I vecchi manuali ottocenteschi parlano chiaro: la forma è guidata con una cura che ricorda l'atteggiamento dello scultore nei riguardi della pietra o della creta. Ascoltiamo, ad esempio, le prescrizioni di Filippo Re:

> Si reciderà il tronco di questi alberi all'altezza di metri due, lasciando però tre rami meglio formati, i più sani ed i meglio piantati appunto nel luogo in cui si farà il taglio dell'asta o tronco. Per tale modo il succo che scorreva in esso si dividerà ed andrà a alimentare i tre rami maestri. Tale è pure il metodo che in molte delle nostre campagne praticasi con gli olmi a cui maritansi le viti, e se ne hanno begli alberi, ricchi di foglia, che ogni anno possono per un terzo rimondarsi, e che giunti ad una competente età danno anche buon legname. I tre rami si dovranno ciascuno tagliare presso al quarto bottone, cominciando dal basso. S'intende bottone da legno. Si badi che il più vicino al taglio sia ben nudrito e volto all'infuori, onde così assicurarsi che l'albero riesca meglio. Si taglierà a sbieco, avvertendo che al di sopra dell'occhio rimanga un po' di corteccia, e lo sbieco facciasi dalla parte opposta al bottone. Così saremo certi che sviluppandosi il bottone coprirà esattamente il taglio. Che se l'albero non abbia laterali muniti delle qualità che si cercano, allora si potrà formarlo levando tutti i rami mal situati, ed allevandone uno da sostituire poi al tronco maestro. Tale è il consiglio di molti. Ma io ho veduto che rare volte queste sostituzioni danno alberi veramente belli. Per lo spazio poi di quattro anni, a primavera o in autunno secondo la natura degli alberi, si accorceranno i rami principali e secondarii in proporzione della loro maggiore o minor forza. In questo stesso tempo si toglieranno i rami inutili, e si distribuiranno in modo che ognuno dei tre rami principali sia eguale in tutto agli altri due. Così pure bisognerà rimondarli quando il corso del sugo sul finire della primavera è già rallentato. Ma non si toccheranno punto i rami formati, e soltanto si leveranno i nuovi germogli, che lasciati crescerebbero la eguaglianza che regnar deve fra le varie parti dei vecchi rami...[17]

Anche senza entrare nel campo del giudizio estetico, ognuno di noi può accorgersi della differenza tra la noiosa regolarità delle piante prodotte oggigiorno dai vivai (che per i fini commerciali assecondano un diffuso degrado del gusto per il quale 'regolare' è bello, 'abbondante' è bello) e la piacevole irregolarità di quelle spontanee. È uno dei motivi che consigliano, ove possibile, la costituzione di un vivaio privato (cfr. il relativo capitolo) interno al giardino, dove potremo sottrarre le piante alla tirannia di forbici ignare o maldirette.[18] La potatura di formazione, prima in ordine di tempo, va eseguita

---

17 RE, 1864^5, pp. 117-118.

18 Più volte si è pensato, e anche cercato di suggerire a qualche vivaista, di istituire un vivaio finalizzato alla produzione di piante storiche, ma senza risultati. Nel 1989 il compianto professor Eu-

solo dopo prudente valutazione, e anche quando fosse necessaria, sempre applicata con tagli minimi che assecondino l'andamento già suggerito ad un occhio attento dalla pianta stessa.

Conviene seguire tale criterio anche quando si deve potare una chioma sovraccarica e asfittica di una pianta trascurata da anni. La tecnica, dal punto di vista dei tagli, è semplice: basta seguire le norme esecutive già descritte e ricordarsi di tagliare sempre a breve distanza dal tronco. Più difficile invece, è capire come e dove tagliare. È una scelta che richiede un occhio sicuro e un'interpretazione sintetica della forma della pianta che si consegue solo a seguito di un'approfondita analisi visiva.

In casi poi come quello di un albero mai potato l'obbiettivo si riduce a quello di evidenziare la forma naturale della chioma, ed è alla portata di tutti, perché si tratta semplicemente di *liberare* e rendere immediatamente leggibile una forma che comunque già esiste, perché l'albero ha sviluppato il suo portamento nel modo più naturale possibile. È una situazione tipologicamente affine a quella della potatura di diradamento.

A proposito della forma esiste un altro modello di riferimento che si utilizza quando la pianta ha raggiunto il massimo del suo sviluppo dimensionale, modello che si usa denominare 'potatura di contenimento'. Se ben eseguita, è da considerare una potatura corretta, che si vede ancora oggi per le strade e nei parchi delle nostre città (Fig. 26) e che ha una tradizione di secoli (Fig. 27). In certe altre situazioni, quando la pianta ha subito potature deformanti, si ricorre a potature speciali che vogliono ricostituire la forma naturale di una pianta, e per tale motivo vengono chiamate 'potature di ritorno'. (Sottintendendo appunto il ritorno alla forma naturale). Si effettuano soprattutto su piante che per diversi anni sono state sottoposte alla tecnica dello sgamollo.[19] L'uso delle potature di ritorno si è cominciato a diffondere a partire dagli anni Settanta del secolo scorso soprattutto ad opera dei Servizi Giardini delle

genio Battisti si fece promotore di un'opportunità quasi unica in questa direzione, sottoponendo al Comitato Nazionale per lo Studi e la Conservazione dei Giardini Storici del Ministero per i Beni e le Attività Culturali la richiesta di una comunità montana che, volendo finalizzare una parte della propria attività ad un contributo concreto per i giardini storici, gli si era rivolta chiedendo consiglio. La proposta, davvero preziosa, non ebbe però seguito.

[19] Spesso si riscontra una certa indeterminatezza nell'uso dei termini capitozzatura, sgamollo e scalvatura, parole di origine forestale che invece dovrebbero avere un significato specifico: sotto il profilo etimologico, 'scalvare' sta per 'rendere calvo', da cui, con riferimento agli alberi, va inteso come 'svettare', termine che a sua volta sta per 'tagliare la vetta', al fine di abbassare la pianta. Non è del resto indicato fino a che altezza tale tipo di potatura possa essere considerato tale. Capitozza o capitozzatura si riferisce al taglio delle piante da legna che si opera sul fusto (alta, media, bassa, a seconda dell'altezza del taglio, rispettivamente da 3 fino a meno di 2 metri). Le piante cedue si dicono poi a 'sgamollo' quando la recisione è fatta sui rami laterali (Niccoli – Fanti, 1981[21]).

26

27

28

26. Firenze, Viali di Circonvallazione, tigli sottoposti a potatura di contenimento. **27.** Firenze, Parterre di Porta a San Gallo, pianta dei primi del XIX secolo con l'indicazione dei tipi di propagazione agamica e di potatura da eseguire sugli alberi giovani ed adulti (Firenze, Museo Topografico di Firenze com'era). **28.** Firenze, via della Petraia, potatura di ritorno di un vecchio olmo parzialmente riuscita.

29. Firenze, Giardino di Boboli, potatura a 'sgamollo' sui lecci dei boschetti (effettuata a turnazioni decennali) (1983).

30. Firenze, Giardino di Boboli, turnazione delle potature nei boschetti di leccio, veduta aerea (1983).

maggiori città italiane, sotto la pressione della polemica contro le potature drastiche fino ad allora praticate. Si vedevano allora questi alberi deformati da tagli pesanti, con i tipici nodi cicatriziali chiamati *cercine*. Si pensò che, lasciando crescere per un anno i polloni gettati dal cercine, l'anno successivo si sarebbe potuto scegliere tra i tanti quello più vigoroso e meglio orientato, destinandolo a proseguire la crescita, e così via con progressive selezioni, fino a che questo, dopo un certo numero di anni, ramificato a sua volta, aumentato di altezza e di diametro fino a raggiungere le dimensioni del ramo di partenza, potesse riconferire alla pianta, insieme agli altri, la forma naturale. A seconda del tipo di albero tale potatura può funzionare abbastanza bene in relazione ai fini prefissi (Fig. 28). Ma in molti altri casi, soprattutto quando viene eseguita da maestranze improvvide, il risultato è pienamente fallito. Basta oggi passeggiare per le strade e nei giardini sottoposti a questo trattamento per vedere il risultato di questa pratica: lungi dall'aver conseguito lo scopo, gli alberi così trattati hanno assunto una forma a pennello assolutamente estranea alla pretesa forma naturale, e le chiome sono divenute talmente grandi da sfregare contro fili elettrici e contro i prospetti delle case. Vedendo questo stato di cose viene quasi da rimpiangere il vecchio sgamollo come male minore per rimediare l'originale errore urbanistico e giardiniero di piantare specie troppo grandi in strade troppo strette. In passato gli sgamolli non erano nemmeno considerati errori, ma interventi leciti regolarmente previsti.[20] Nel giardino di Boboli tali tecniche sono un documento storico, in quanto fanno parte di un sistema organico costituito da tre momenti: la produzione della legna da fuoco, la formazione della vegetazione compatta dei boschetti, ed il rinnovo (Figg. 29, 30). Altri modelli di potature costrittive vengono apprezzate e

---

20 PUCCI, 1922^3, pp. 14-16: «La potatura degli alberi adulti, tenute ferme le regole generali già date per la potatura in generale, varia non solo secondo il genere delle piante, ma ancora secondo lo scopo per il quale sono piantate. Bisogna distinguere la cultura degli alberi da bosco da quella ornamentale dei giardini. Colla prima si ha in mira la produzione del legname e quindi la potatura ha delle regole proprie per ottenere un fusto ben sviluppato in altezza e in grossezza, perfetto e come dicesi comunemente, di legno gentile. Invece negli alberi da ornamento si deve cercare di avere da essi tutto l'effetto pittorico e armonizzante con le altre piantagioni del giardino e inoltre gli alberi, specialmente quelli situati lungo i viali, hanno l'ufficio di dare ombra. Per tutto ciò si rende necessaria una potatura speciale, molte volte anche contraria alle buone regole della selvicoltura. E solo gli alberi nei grandi boschi dei parchi o qualche albero messo isolato in mezzo a un prato, potranno esser lasciati crescere più liberamente, cioè senza quella potatura speciale e necessaria per gli altri alberi. Se noi lasciamo sviluppare naturalmente gli alberi dei viali, o se li potiamo come gli alberi di un bosco comune, essi tendono ad allungarsi e si spogliano ben presto delle ramificazioni inferiori. Ridotti così, non adempiono più al loro ufficio principale, ch'è quello di darci dell'ombra fitta e larga. Per molti di questi alberi è necessaria la capitozzatura onde ottenere il più forte sviluppo nei rami inferiori, che si distenderanno orizzontalmente per dare tutta l'ombra desiderata. Questa capitozzatura sarà guidata fino dai primi anni della piantagione, perché, fatta ad un tratto sopra piante adulte, può invece cagionare la perdita dei rami inferiori e spesse volte la morte di tutta la pianta».

conservate come patrimonio di tradizioni giardiniere locali. Si pensi ai platani delle ville intorno al lago di Como, come quelli della villa di Balbianello, accuratamente tenuti a regola da una potatura annuale che interviene ogni anno sul taglio della stagione precedente per conservare una forma geometrizzata a cupola impostata fin dai primi anni di vita (Fig. 31).

La forma dell'albero, oltre che come finora detto *in levare*, può essere condotta con potature anche in aggiungere, proprio come se si trattasse di una scultura in creta, con la differenza che il materiale in più lo si richiede alla pianta stessa, potando in modo (si ricordi la legge della dominanza apicale) da stimolare la crescita dove e quanto si vuole. Questo tipo di potatura si deve eseguire durante l'estate. Fermo restando, come già detto, che la forza dei nuovi getti è direttamente proporzionata alla lunghezza del ramo che si elimina, si otterranno due diversi risultati a seconda che si tagli sui rami maturi o su quelli ancora giovani. Nel primo caso l'effetto sarà limitato al rinvigorimento; nel secondo si otterrà la produzione di nuovi getti ai quali, con tagli successivi a tre o quattro nodi, si affiderà il compito di modificare la forma della pianta.[21]

Caso particolare delle potature formali è anche quello delle pergole, come ad esempio, quelle, più specificatamente denominate 'cerchiate', che si trovano nel Giardino di Boboli (Fig. 32). Tali potature si collocano un po' a metà strada tra quelle fin qui argomentate e le vere e proprie tosature, delle quali parleremo nel capitolo dedicato alle siepi.

Una potatura può anche avere finalità sanitarie, nel caso di un'esuberante crescita dei rami che rende asfittica la chioma oppure come presidio nelle malattie fisiologiche derivate dal ristagno d'acqua. L'eccessivo fittume dei rami è anche causa della formazione di seccume. Una chioma troppo densa limita la circolazione dell'aria e inibisce l'attività respiratoria delle foglie, che intristiscono e ammalano. Tra l'altro, in casi simili, ai quali abbiamo in parte già accennato (cfr. *supra*) alcuni rami sfregano l'uno contro l'altro, causando lacerazioni non sempre visibili e perciò insidiose, o addirittura una saldatura tra i

---

21 GRANT – GRANT, 1949, *passim*, ha un modo di vedere in parte diverso ed originale: «La potatura si può dividere nei seguenti tre tipi: primo, eliminazione del legno morto, debole e inutile; secondo, taglio del legno vivo maturo, allo scopo specifico di rinvigorire o migliorare la forma di una pianta, terzo, la spuntatura dei rami stagionali non maturi, cioè la potatura estiva... Potare rami maturi rende la pianta più vigorosa. Se una pianta cresce con troppo vigore è inutile tentare di ridurre la sua energia con la potatura: raddoppierà i suoi sforzi. Di qui segue la seconda regola fondamentale: la potatura dei rami maturi è sempre in proporzione inversa al vigore della pianta. In altre parole, una pianta vigorosa dovrebbe essere potata il meno possibile, mentre quella debole deve essere potata con una certa energia. La potatura non è un mezzo per contenere in piccolo spazio un grande albero un grande arbusto. Lo scopo della potatura estiva è quello di regolare e dirigere l'energia creatrice della pianta, in modo da farla crescere solo dove è necessario ed aumentare la produzione dei fiori e dei frutti. La potatura estiva riguarda soltanto i getti nuovi, non giunti a maturazione».

31. Lago di Como, villa di Balbianello, platani potati a cupola.

32. Firenze, Giardino di Boboli, Pergola o Cerchiata di lecci potata ad arco (1983).

due rami, che avviene come in un innesto per contatto dopo che la corteccia, a seguito dello sfregamento, si è lacerata. Per evitare questo rischio si ricorre alla già accennata potatura di diradamento (Fig. 33), che sotto certi punti di vista può essere considerata una derivazione di quella di formazione: basterà studiare bene il carattere del portamento, e tagliare vicino al tronco i rami in eccesso, fino a ridare alla chioma il necessario arieggiamento. Questo tipo d'intervento è caratteristico delle conifere e dei pini in particolare, che appunto, se curati costantemente, hanno bisogno solo di alleggerimenti simili, detti in questo caso di *rimonda.*[22] Nei casi meno gravi tuttavia è possibile risolvere il problema con la semplice eliminazione dei rami stessi: se gli alberi sono governati come si dovrebbe con interventi manutentivi ordinari, i rami da eliminare saranno pochissimi e di modeste dimensioni, tanto da poter essere controllati anche da terra con l'ausilio di svettatoi a pertica. Quando non si debbono effettuare tagli troppo grossi[23] si può tagliare anche in primavera e in estate, in deroga alle raccomandazioni già fatte.[24]

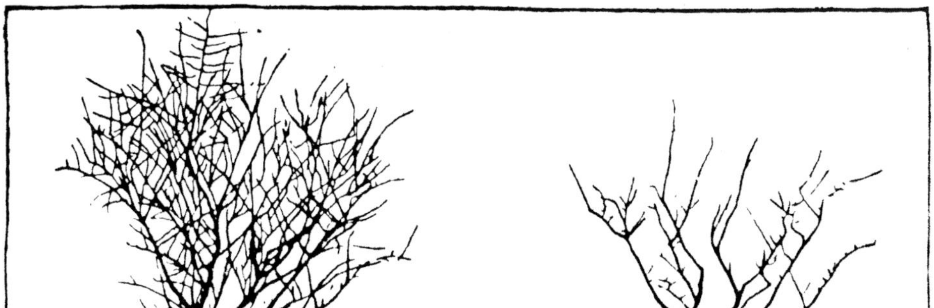

33. Potatura di diradamento che può avere obbiettivi di definizione della forma ma anche esclusivamente fitosanitari (GRANT, 1949).

---

[22] Durante la crescita le conifere si liberano spontaneamente e progressivamente dei rami dei palchi inferiori (per il qual motivo i boscaioli dicono che i pini «si potano da se»). In questi casi la rimonda si completa con la eliminazione dei monconi residui, potenziali veicoli di infezioni batteriche e fungine.

[23] Con diametro della sezione del tronco non superiore ai tre centimetri.

[24] Poiché crescono più lentamente, gli alberi sempreverdi richiedono un numero di interventi cesori più ridotto delle piante spoglianti.

Il ristagno d'acqua è più frequente nelle spoglianti, perché spesso sviluppano un portamento dicotomico, e la biforcazione del fusto forma una sorta di sella che, se assume forma concava, costituisce un fattore di rischio, perché lì si vanno a raccogliere le acque meteoriche, che con il ristagno divengono letti di coltura di batteri e possono penetrare nel tessuto legnoso inducendo fenomeni di marciume. In tali circostanze, alle quali si è già brevemente accennato, non si interviene con l'asportazione dei rami, ma con dei tagli effettuati in modo tale da praticare nel legno vie d'uscita per il drenaggio dell'acqua. Questi tagli comportano delle minime modifiche dell'immagine, ma cicatrizzano presto, naturalizzandosi. Più in generale tali tecniche di drenaggio, che in agricoltura vanno sotto il nome di *slupatura*, comprendono anche la pulizia dell'interno dei tronchi dal marciume che si produce con gli anni.

Gli stessi principî, rivisitati da Peter Bridgeman alla luce della conoscenza della fisiologia vegetale e arricchiti da un capitolo sul consolidamento statico degli alberi, sono stati ribattezzati con il nome di *dendrochirurgia* o chirurgia degli alberi.[25] Però, prima di accennare in modo più specifico a tale pratica giardiniera, è opportuno concludere l'argomento più proprio della potatura degli alberi, fin qui trattato, riportando un brano di Angiolo Pucci che appare davvero esemplare per buon senso, esperienza e sintesi:

> La potatura delle piante ha quattro scopi ben distinti: 1° di sopprimere tutte le parti morte o malate; 2° di mantenere un buon equilibrio per la circolazione dei succhi in tutte le parti di una pianta; 3° di dare alla pianta una data forma più consentanea alla sua natura o che appaghi in certi casi anche l'occhio; 4° di ottenere dalle piante una maggior produzione di fiori o di frutti. Le potature prendono nomi differenti secondo il modo di farle e secondo lo scopo che ci prefiggiamo e così si chiamano: a) *rimondatura* (*émondage*) quando si tolgono i rami secchi e malaticci, i succhioni, e a grado a grado i rami più bassi di certe piante, come per esempio dei pini. A quest'operazione si riferiscono le altre un poco modificate, e che si dicono spollonatura, dibruscatura e scacchiature; b) *diradamento* (*élagage, éclaircissage*) quando si sopprimono rami superflui mal conformati o mal situati nella pianta, poiché altrimenti, lasciandoli, nuocerebbero alla vita e alla forma estetica della pianta. Il diradamento è una delle più disastrose se è fatta senza discernimento, il che avviene spessissimo per l'ignoranza degli operai. La soppressione dei rami molto grossi riesce sempre funesta alla maggior parte degli alberi, prima per la interruzione dell'equilibrio esistente fra la chiome e le radici, poi per le grandi ferite che non si cicatrizzano nei vecchi al-

---

[25] La dendrochirurgia, diffusa grazie all'opera di Peter Bridgeman (BRIDGEMAN, 1977) muove i suoi primi passi in Inghilterra nel 1930, ma solo nel 1966 diviene generalmente applicata e raccomandata dalle istituzioni ufficiali. Oggi la sua diffusione è quasi completa, ma la ricerca continua producendo risultati interessanti nel miglioramento delle tecniche note e nella formulazione di nuove applicazioni.

beri, le quali esposte a tutte le intemperie marciscono e il marciume penetra gradatamente nell'interno del fusto. Spesso vale il ricoprire le ferite col mastice, o con altra sostanza analoga e tanto meno la muratura delle buche che si vanno formando. Il diradamento deve esser fatto a gradi a gradi e sempre con molta moderazione; di più è regola di tagliare i rami mal disposti subito dopo che spuntano senza lasciarli ingrossare, perché allora le tagliature si cicatrizzano più presto; c) *svettatura* (*écimage* e *étêtage*), quando col tagliare la cima di un fusto si procura lo sviluppo dei rami laterali; si svettano anche i rami principali a vantaggio dei rami secondari, quest'operazione si chiama *scapezzatura* e scapitozzatura; d) *scornettature*, quando si svettano i rami raccorciandoli molto e quasi tutti a lunghezza eguale; generalmente si pratica questa potature per gli alberi giovani; e) *taglio a ceppaia* (*recépage*), quando si taglia il fusto, che, essendo venuto mal conformato, si vuole rinnovare, tagliandolo a pochi centimetri sopra il colletto; su quel mozzicone si svilupperanno uno o più occhi e si sceglierà allora quello meglio situato e più vigoroso per farlo diventare il nuovo fusto; quest'operazione si fa anche colle piante a polloni, sulle quali si opera il taglio sulla ceppa, perché lasciandone anche uno solo, questo toglie vigore ai nuovi polloni; f) *tosatura* (*tonte*), quando il taglio è quasi uniforme e serve a dare ad una pianta una forma determinata regolarissima o per mantenere le siepi nei limiti assegnati di altezza e di larghezza; g) *cimatura* (*pincement*), quando si tolgono coll'unghia del pollice le cime dei rami allorché sono allo stato erbaceo e in piena vegetazione; rientra in questa categoria l'*accecatura* (*ébourgeonnement*) di tutte quelle gemme che ci sembrano troppe o mal disposte per dare una buona forma alla pianta. Per tutte queste operazioni occorrono arnesi e strumenti, [...] i più adatti e migliori, avvertendo per regola generale che gli strumenti devono essere ben taglienti, onde il taglio sia netto e non si producano lacerazioni tanto nel legno quando nella scorza.[26]

L'interesse di questo brano, ove è compendiato magistralmente quasi per intero quanto è necessario conoscere per una buona potatura, giustifica la lunghezza insolita della citazione.

Tornando al tema della dendrochirugia o chirurgia degli alberi, esso è un esempio di deroga all'utilizzo delle tecniche tradizionali, soprattutto per l'aspetto relativo al consolidamento statico degli alberi. Basta passeggiare in qualche giardino antico per veder scorrere sotto gli occhi un campionario di metodi e tecniche di sostegno degno di un magazzino ortopedico: puntelli in legno, in ferro, in ghisa fusi a forma di colonnini, cerchiature imbullonate, tiranti rigidi e cavità basali riempite con murature miste a sacco di mattoni e malta. Mentre alcuni dei sostegni, ad esempio in ghisa, o anche di legno, se pensati e disegnati con finezza, possono avere un aspetto piacevole, altrettanto non si può dire per le cerchiature e i riempimenti in muratura, i quali,

---

26 Pucci, 1913, pp. 222-224.

al di là di qualsiasi aspetto esteriore, sono comunque dannosi (Figg. 34, 35, 36, 37).

Consapevole dell'efficacia parziale e ancor di più dei danni indotti da tali metodi, Peter Bridgeman, che fu per alcuni anni direttore del Kew Garden di Londra, concentrò la sua attenzione sulla fisiologia degli organismi vegetali (Figg. 21, 22, 23) individuando tre momenti di particolare interesse: la capacità di movimento, l'aspetto statico e la struttura della pianta.[27] Le sue conclusioni furono ricche di conseguenze positive. Egli si convinse che l'unico modo per garantire, per mezzo della completa adesione, l'impermeabilità di un riempimento di cavità, fosse quello di trovare un materiale dotato di elasticità corrispondente a quella del legno stesso, in grado di rispondere alle diverse sollecitazioni degli agenti esterni. Perciò bandì i riempimenti di malta e mattoni (riserva che già molti anni prima, come abbiamo appena letto, aveva avanzato anche Angiolo Pucci). A questi materiali rigidi, usatissimi per secoli, Bridgeman sostituì allora sostanze poliuretaniche schiumose, che aderivano alle pareti della cavità. Tuttavia ben presto si constatò che, a causa del processo di polimerizzazione, queste schiume, nel tempo, perdevano di elasticità, e si capì che la cosa migliore era infine quella di lasciare semplicemente libera la superficie della cavità, limitandosi soltanto a garantire il deflusso delle acque e la circolazione dell'aria, e aiutando la cicatrizzazione dei tessuti esposti per mezzo di prodotti antisettici irrorati all'interno.

Fin qui le nuove conoscenze si riconnettono sostanzialmente alle tecniche antiche dell'agricoltura; ma lo studio degli alberi, considerati sotto il punto di vista statico e comparati alla struttura della pianta, ha dato frutti davvero innovativi. Bridgeman osservò che con la crescita dell'albero le vecchie cinture in

---

[27] BRIDGEMAN, 1977, pp. 6-9: «La robustezza dell'albero si basa sulla differenziazione di tessuto legnoso che si sviluppa con l'età. La produzione di tale tessuto (accrescimento secondario) si verifica nello stesso modo tanto nel fusto che nelle radici. Si forma un anello di tessuto di natura meristematica (il 'cambio') che, poi, si divide ripetutamente dando vita ogni volta ad un anello più interno di cellule che va a formare il tessuto xilematico ed un anello esterno che va invece a formare il tessuto floematico. Le cellule dello xilema si allungano in elementi tubiformi, i cosiddetto 'vasi legnosi', rinforzati e resi flessibili da una sostanza detta lignina, che si deposita a spirale sulla parete dei vasi medesimi. Dopo un periodo approssimativo di 5 anni la lignina diviene talmente spessa da bloccare completamente il lume dei vasi dando luogo a cellule morte. La lignina determina il caratteristico colore bruno del «durame» dell'albero, che contrasta con il colore può chiaro delle cellule ancora vive dello xilema ('alburno') ... Contemporaneamente alla differenziazione del legno all'interno dell'albero, procede lo sviluppo tutt'attorno della corteccia che ha funzione protettiva del cilindro centrale. La corteccia viene prodotta da un anello di un ulteriore tessuto meristematico costituitosi all'esterno del tessuto liberiano e che si divide producendo cellule suberose che vanno a costituire la parte periferica del tronco. Tali cellule gradualmente vengono bloccate nello sviluppo per la presenza di una sostanza grassa, la suberina, e di un materiale antisettico, il tannino. Queste due sostanze mettono in grado la corteccia di proteggere i tessuti vivi interni dagli insulti dell'ambiente ed ostacolano l'entrata di insetti e crittogame dannosi...»..

36

35

34. Firenze, Giardino di Boboli, puntello in ghisa (1983). **35.** Albero sostenuto da un puntello rustico in legno (Loudon, 1834). **36.** Firenze, villa Medicea di Castello, tiranti e cerchiature metallici su di una quercia centenaria (1983).

37. Firenze, Giardino di Boboli, muratura della cavità basale di un vecchio leccio (1983).

ferro, serrate intorno ai tronchi, esercitavano sulla superficie di contatto una pressione radiale progressiva direttamente proporzionata all'aumento del diametro indotto dalla crescita, la quale forza, concentrata sulla zona periferica prossima al tessuto cambiale, soffocava i vasi legnosi deputati al trasporto della linfa, causando spesso la morte dei rami. Sostituendo alle cinture dei semplici perni passanti in acciaio bloccati alle estremità (Fig. 38) sperimentò allora i suoi principî applicandoli ad un metodo nuovo, che poi, sviluppato e approfondito, avrebbe completamente rivoluzionato il quadro delle tecniche per il consolidamento degli alberi. Con questo sistema si ottenevano risultati più affidabili di quelli vecchi dal punto di vista statico, ed inoltre i precedenti aspetti negativi riguardanti il soffocamento della pianta e l'aspetto esteriore venivano completamente superati. Infatti il perno di sostegno agisce quasi esclusivamente sul legno morto del durame, e il danno causato all'albero si riduce alla perdita di un volume di tessuto vivo pari a quello dei fori d'entrata e d'uscita del perno tra la corteccia e l'alburno, cioè un valore prossimo allo zero.

Più recentemente è invalso, come sviluppo ulteriore di questa disciplina, l'utilizzo di fasce in tessuto sintetico avvolte attorno ai rami e ai tronchi, con il che si raggiunge un buon grado della sicurezza e della libertà di movimento della pianta, ma si torna indietro per quanto attiene all'immagine, che da quella di un albero con protesi ortopediche passa a quella di un albero 'ingessato'.[28] Al contrario, le imperniazioni previste dal Bridgeman erano talmente poco impattanti sull'immagine da risultare praticamente nulle.

[28] Sul tema del restauro dei giardini storici cfr. fra gli altri: V. CAZZATO (a cura di), *Tutela dei*

38. Firenze, parco della villa Il Ventaglio, intervento di chirurgia arborea su di un esemplare di *Sophora japonica*.

Al di là dell'abuso o dell'errata applicazione di tali tecniche dovuto a inesperti epigoni del Bridgeman, l'importanza della chirurgia arborea non è da sottovalutare, perché grazie ad essa si possono salvare alberi secolari altrimenti incurabili o destinati ad essere eliminati per la loro pericolosità.[29]

Giardini Storici, bilanci e prospettive, in «Quaderni dell'Ufficio Studi del Ministero per i Beni Culturali e Ambientali», Roma, Arti Grafiche Nemi, 1989; L. Scazzosi, 1993. Per quanto riguarda la chirurgia degli alberi: M. de Vico Fallani, *Dendrologia e Conservazione: la salvaguardia degli alberi di alto fusto*, in *Atti del Convegno sul Restauro delle strutture lignee e il legno come materiale per il restauro*, a cura di Gennaro Tampone, Firenze, Palutan, 1983, pp. 275-286; Id., *Il Restauro dei Giardini storico-artistici*, in G. Carbonara, *Trattato di Restauro Architettonico*, Primo aggiornamento, Vol. IX, «Grandi Temi di Restauro», Torino, UTET, 2007, pp. 337-397.

[29] Per conto della Soprintendenza per i Beni Ambientali e Architettonici delle Province di Firenze e Pistoia eseguii interventi di questo tipo, come il drenaggio di un cerro secolare e il riconsolidamento di un cedro dell'Himalaia lesionato verticalmente e diviso in due da un fulmine, entrambi nel parco della villa medicea di Poggio a Caiano (Tav. VIII). A Roma, per conto della Soprintendenza Archeologica di Roma, curai il consolidamento di un annoso pino sull'Appia Antica che, per lo sviluppo dicotomico assunto dalla ramificazione, con due grossi rami principali che spingevano l'uno contro l'altro, era prossimo allo sbrancamento.

Trattiamo ora la potatura degli arbusti, specialmente quella che si pratica per conseguire risultati estetici per mezzo della fioritura. Tra gli arbusti da fiore i più belli sono non di rado quelli decidui, troppo poco usati in Italia, specialmente nelle regioni centro-meridionali. Se la bellezza di queste piante fonda sui fiori, per esse la potatura, come mezzo che può garantire un più abbondante sviluppo di gemme fiorali, diventa particolarmente importante. Come forma del tutto speciale della potatura consideriamo anche, per comodità, quell'azione del giardiniere che va sotto il nome di 'sbocciolatura' e di 'sbottonatura', a seconda che riguardi i boccioli di fiori sfioriti, o gemme appena formate tanto fiorali che fogliari.

Come abbiamo già visto, eliminare una gemma o un bocciolo secondo un piano prestabilito, su elementi criticamente scelti, condiziona la forma della pianta, e, per gli stessi motivi, attraverso gemme fiorali, anche la sua fioritura.

Quindi la fioritura si consegue attraverso due fondamentali strade: una potatura che favorisca le gemme fiorifere, e la citata sbocciolatura. Nel primo caso, quando si pota, si devono tagliare soltanto i rami che non portano nell'anno gemme da fiore. Bisognerà quindi conoscere la pianta che si pota, perché alcuni arbusti tendono a fiorire sul ramo vegetato nell'anno (*Rosa, Hydrangea*) altre su quello vecchio di un anno (*Forsythia, Prunus*) altri sul ramo vecchio di due anni (*Malus, Cercis*). Pertanto, se si vuole ottenere la migliore fioritura, tali rami non devono essere toccati. Nel primo caso sarà preferibile che la potatura avvenga alla fine dell'inverno, e si dovrà togliere tutto il legno vecchio lasciando dei rami di un anno quelli che sono in posizione migliore e che appaiono i più forti; questi saranno adeguatamente scorciati per lasciare un certo numero di gemme ben situate in relazione allo sviluppo della pianta. Nel secondo caso è consigliabile potare solo dopo l'avvenuta fioritura eliminando il più possibile il legno vecchio e ripulendo dalle infiorescenze sfiorite i rami ancora forti.[30] Nell'ultimo caso basta limitarsi ad una semplice pulizia delle piante dai rami troppo vecchi, secchi o danneggiati dai parassiti. I rami giovani di un anno potranno essere incurvati verso il basso se si vorranno ottenere le gemme da fiore in tempi più brevi.[31] Esiste però un gruppo di piante, spoglianti o no, come i lillà, le azalee, le *Pieris*, le camelie, i rododendri

---

[30] FOGG, 1969, p. 213: «Se si eliminano i fiori o i frutti appena prodotti della pianta [...] la crescita vegetativa continua. [...] Come tutti i giardinieri sanno, si devono cogliere i fiori vecchi da piante come il pisello odoroso (*Lathyrus odoratus*) se si vuole una produzione continua di fiori. Se non si effettua questa operazione, i frutti monopolizzano i materiali disponibili per la crescita e i nuovi fiori non possono svilupparsi».

[31] Per questa descrizione ci si è valsi della molto efficace e sintetica trattazione tratta da *Tecnologia di Giardinaggio*, 1981, pp. 122-123.

ecc., alle quali qualsiasi tipo di potatura, al di fuori della semplice sbocciolatura, provocherebbe una diminuizione della produzione fiorifera; quando, per inevitabili motivi fitosanitari o per ringiovanire il cespuglio, si dovranno potare molto, il conseguimento della bella forma e il miglioramento fitosanitario comporterà l'interruzione della fioritura per più di un anno.

Esiste poi, come in parte già accennato, un gruppo ricco di specie, tra le quali il corbezzolo, il *Berberis*, alcuni *Ceanothus*, l'*Hibiscus syriacus*, il *Calycanthus macrophyllus,* la *Colutea arborescens*, lo *Styrax officinale*, lo *Jasminum officinale,* l'agnocasto, la *Buddleja*, la *Spiræa bumalda* e *salicifolia*, la ginestra, alcuni tipi di tamerice, il melograno, quasi tutte le rose, ecc., che fioriscono in estate o in autunno sui rami dell'anno. Per ottenere da queste la fioritura, bisognerà potare alla fine dell'inverno, tagliando via tutti i rami che hanno fiorito fino al primo germoglio attivo che si trova sul ramo stesso. Così facendo la pianta avrà il tempo di produrre la vegetazione in grado di maturare i fiori. Tale tipo di intervento servirà anche ad arieggiare la chioma conferendole una forma più aperta e sciolta.

Non è meno numeroso il gruppo di piante che, come già accennato, fiorisce invece dal termine dell'inverno al termine della primavera, fra le quali la buddleia, il lauroceraso, il *Chimonanthus fragrans*, la coronilla, diversi crateghi, la cidonia, la *Deutzia crenata*, la diervilla, la forsizia, alcuni tipi di ortensia, lo *Jasminum nudiflorum*, la *Kerria japonica*, la *Magnolia solungeana*, la *Mahonia aquifolium*, la *Spiræa cantoniensis*, lo *Jasminum primulinum,* diversi *Malus* e lillà, il filadelfo, diverse spiree e weigelie, ecc. che dovranno essere potati immediatamente dopo la fioritura per dar loro il tempo di rivegetare e portare a perfezione i rametti che fioriranno l'anno seguente.

Tutte queste prescrizioni hanno carattere indicativo, perché il mutare del clima, l'annaffiamento, la concimazione, il tipo di terreno, la ricchezza delle specie e varietà e numerosissime altre variabili prefigurano situazioni differenziate quasi sempre speciali. Ma applicando con discernimento questi che sono i criteri più generali, sarà possibile formarsi un bagaglio di esperienze personali che ci darà l'autonomia necessaria a disimpegnarci in tutte le circostanze.

MALATTIE DELLE PIANTE

Il Susini, riprendendo un'articolazione generalmente condivisa in sede scientifica, divide le malattie delle piante in due grandi categorie:[1] *parassitarie* e *non parassitarie*, a seconda delle cause che le hanno ingenerate. Al primo gruppo appartengono quelle dovute ad agenti patogeni del regno vegetale (prevalentemente crittogame) e di quello animale (prevalentemente insetti e *virus*); al secondo, per lo più, quelle causate da sfavorevoli condizioni d'ambiente (fisiologiche) o da agenti esterni (traumatiche).

La malattia fisiologica più diffusa è la clorosi, detta volgarmente anemia vegetale, che provoca un generale deperimento della pianta e un ingiallimento diffuso delle foglie, le quali però non sempre cadono. La clorosi tipica è quella causata dalla mancanza di ferro o da condizioni che impediscono alla pianta di assorbirlo,[2] ma la più comune è quella che deriva dal ristagno di acqua. Questo nemico rappresenta un forte fattore di rischio in quanto il fabbisogno idrico delle piante è notevole, e troppo spesso i giardinieri sottovalutano l'importanza di una fognatura perfettamente efficiente. La proverbiale criticità di quella complessa azione che va sotto il nome di irrigazione (cfr. il relativo capitolo) deriva dalla circostanza che non esistono o quasi spazi per errori pur minimi: infatti solo se scorrerà alla velocità giusta l'acqua potrà mettere a disposizione delle radici per il tempo necessario la quantità voluta di sali minerali e di ossigeno: a velocità minore si avrà ristagno, marciume radicale e clorosi: a velocità maggiore dilavamento del terreno e impossibilità di adeguato assorbimento radicale.[3] Basta osservare la fitta ragnatela di radichette che aderiscono contro le pareti interne dei vasi per capire quanto abbiano bisogno d'aria; ed è questo il motivo per cui i vasi debbono sempre essere ripuliti dalle formazioni di muschi e da eventuali concrezioni calcaree che ne limitano la

---

1 SUSINI, 1959, pp. 58-60.

2 È il caso delle piante acidofile, la cui assunzione del ferro è inibita proprio dalla presenza del carbonato di Calcio: azalee, rododendri, camelie, castagno, eriche, lupini, ecc.

3 Cfr. il capitolo sull'irrigazione, e quello sui vasi, dove si parla anche della costruzione dei diversi tipi di fognature e di drenaggio.

traspirazione: nessun giardiniere accetterà uno di quei vasi dipinti impermeabili come vasche o vasi di plastica, oggi tanto diffusi (cfr. *infra*).

Altre cause di malattie fisiologiche sono la mancanza di luce (soprattutto per le piante che vivono al riparo) la siccità, il letame non adeguatamente macero (bruciature alle radici) la polvere (riduzione della permeabilità luminosa con inibizione del processo di fotosintesi clorofilliana).

Ma tanto più temibili, quanto difficili da conoscere a fondo, sono le malattie crittogamiche (parassiti vegetali). La vasta gamma di affezioni che va generalmente sotto il nome di funghi è il più implacabile e insidioso avversario delle piante, perché sono protetti dagli stessi tessuti dell'ospite; basti pensare alle devastazioni del *Coryneum cardinale* per il cipresso e allo sterminio dell'olmo causate dal *Graphium ulmi.* A fianco di questi veri e propri flagelli, che oggi si cercano di aggirare selezionando per via agamica varietà resistenti, esistono funghi meno perniciosi (ruggine, bianco delle radici, oidio o mal bianco, ecc.), che non arrivano a causare la morte l'individuo, ma non per questo sono meno temibili o meno facili di quelli da debellare assolutamente.

Nonostante le apparenze, i parassiti animali non sono più pericolosi di quelli vegetali, perché le loro maggiori dimensioni li rendono più esposti alla caccia e recettivi ai trattamenti fitosanitari. Il maggiolino divora le radici per i tre anni durante i quali, allo stato larvale, dimora sottoterra, e poi, allo stato adulto, passa a cibarsi delle foglie; lo stesso fanno i bruchi, i grillotalpa, le lumache. Gli afidi, appartenenti a numerosissime specie, inesorabili torme che si assiepano attorno ai germogli più teneri per succhiarne la linfa, causano accartocciamenti, ingiallimenti delle foglie, aborto dei bocci fioriferi, contorsioni dei rami.

Fra i parassiti animali i più pericolosi sono quelli appartenenti al non meno numeroso stuolo delle cocciniglie, che attaccano come un vero castigo soprattutto le piante sempreverdi dal bel fogliame lucido come aralie, camelie, aranci, alloro, ecc. Non diversamente dagli afidi succhiano la linfa delle piante, ma, un po' come i funghi, sono difficilmente raggiungibili dalle sostanze insetticide, perché, protette da duri scudetti impermeabili, si occultano fissandosi alla pagina inferiore delle foglie.

Oltre alla sottrazione della linfa, cocciniglie e afidi secernono una sostanza zuccherina, chiamata dai giardinieri *melata*, della quale vanno ghiotte le formiche. Non trascuriamo quindi la presenza di questi insetti sui tronchi e sui rami delle nostre piante, perché rivelano la presenza di nemici da eliminare al più presto.

La risposta fitosanitaria ad un quadro tanto vasto è agguerrita: per ogni malattia disponiamo di due o più prodotti, e mai correremo il rischio di non saper cosa comprare per risolvere i nostri problemi. Spesso però, inquinamento a parte, i risultati insoddisfacenti, parziali, provvisori, portano ad esaminare questo delicato problema alla luce di considerazioni più ampie sulla validità e l'efficacia dei fitofarmaci. Abbiamo detto che i funghi sono pressoché inattaccabili, perché protetti dagli stessi tessuti dell'ospite o da invogli resistentissimi. Solo in casi molto limitati si riesce a raggiungerli in fasi delicate del loro sviluppo intervenendo con il rame, lo zolfo, i solfuri alcalini, i sali di mercurio. I controparassiti, spesso utilizzati con successo nella lotta biologica contro i parassiti animali, sono qui del tutto inefficaci. Ma non si creda che sia troppo facile nemmeno la lotta ai parassiti animali: se ne può distruggere una grande quantità con i mezzi chimici, ma la straordinaria capacità di organizzare la propria difesa permette a questi parassiti di neutralizzare quasi completamente la durata dell'effetto nocivo. Qui, in diversi casi, il ricorso alla lotta biologica ha sortito effetti positivi; tuttavia il bilancio tra i casi favorevoli e i casi sfavorevoli è di gran lunga a vantaggio di questi ultimi, e quasi mai i controparassiti riescono a conseguire una capacità di proliferare pari a quella dei parassiti che sono destinati a combattere. Ulteriori passi in avanti nel settore dei presidi fitosanitari dipendono dall'avanzamento delle conoscenze sulla biologia dei parassiti, che, sole, possono permettere di scoprire il modo di colpirli durante la fase temporale, brevissima, di maggiore debolezza.

Allora sarà prudente non riporre in tali presidi tutte le speranze di veder guarire le nostre piante: usiamone con molta cautela e parsimonia solo quando ogni altro sistema è fallito, e mai senza prima rivolgerci a professionisti specializzati del settore, proprio come faremmo per i disturbi del nostro organismo quando, esauriti i rimedi di primo intervento, ricorriamo al medico.

Ma fino a che è possibile, cerchiamo di controllare la salute dei nostri giardini con i mezzi più semplici: la profilassi, con la caccia diretta, l'aiuto che possono dare gli animali utili, e soprattutto non trascurando la manutenzione. Piante vigorose, ben curate, potate, arieggiate, che crescono in terreno lavorato costantemente e ben drenato, ammaleranno difficilmente, e resisteranno meglio ad eventuali infezioni. Quindi se vorremo ridurre i rischi d'infezione parassitaria, attenzione piuttosto a non divenire noi stessi inconsapevoli propagatori di malattie: verifichiamo la provenienza delle piante acquistate, e se necessario, sterilizziamole prima di porle a dimora. Ispezioniamo costantemente il nostro giardino, e non appena scorgiamo segni di sviluppo di parassiti, isoliamoli subito e distruggiamo i centri d'infezione e i prodotti di scadimento che possono essere custodi di occulti parassiti, secondo una tradizione che i contadini conoscono bene fin dall'antichità. È uno dei punti sui quali i giardinieri hanno un'opinione quasi unanime, come questa di Angiolo Pucci:

Ogni volta che si suggerisce di tagliare e asportare, prima dell'applicazione dei rimedi, le parti ammalate, si deve intendere che queste siano abbruciate.

È abitudine pericolosa non solo di lasciarle sul terreno ma anche di gettarle nelle spazzature o in concimaia, perché le spore, che possono dirsi i semi di queste crittogame, sono resistenti assai ed hanno vita lunga in modo che poi coi concimi vengono di nuovo portate in contatto o in vicinanza delle piante sane e ricomincia l'epidemia.[4]

Molti sono gli animali utili per il giardino: avere un riccio nel proprio compendio significa rendere la vita molto difficile a lumache, chiocciole, lombrichi e numerosi insetti tanto allo stato larvale che perfetto. Gli insetti sono anche il cibo esclusivo del toporagno, il cui morso, contrariamente a quanto spesso erroneamente creduto, non è velenoso. Eccellenti distruttori di falene e farfalle notturne sono i pipistrelli, che non si dovranno mai cacciare dal proprio giardino.

Non meno utile la maggior parte dei rettili, esclusa la vipera, ed in particolare il rospo. Efficacissime le coccinelle, chiamate in Toscana *Lucie*, e in diverse parti d'Italia *Gallinelle del Signore*, grandi divoratrici di afidi. Non si può parlare in modo altrettanto positivamente incondizionato dell'azione degli uccelli insettivori, perché l'efficacia della loro azione è contrastata dal fatto che si nutrono anche dei parassiti degli insetti nocivi.

Il metodo della lotta biologica riveste un interesse speciale per gli operatori del settore agricolo, e in molti casi si ottengono buoni risultati, come in quello del *Bacillus thuringensis* contro la processionaria del pino.

Si tratta di un indirizzo potenzialmente ricco, ma ancora lontano dall'aver verificato tutte le sue possibilità. Appartiene al metodo della lotta biologica anche l'impiego dei feromoni,[5] sperimentati per la prima volta circa 20 anni fa. Inizialmente il loro impiego era essenzialmente legato al monitoraggio e quindi volto a verificare la presenza e la densità di popolazione di un

---

[4] Pucci, 1983[12], pp. 83-86.

[5] Feromone o *ferormone* (dal greco *φερω* 'portare' e *ὁρμάω* 'mettere in movimento'), è il nome dato a sostanze chimiche, segnali attivi a basse concentrazioni, prodotte ed escrete in particolar modo da insetti, che sono in grado di suscitare delle reazioni specifiche di tipo fisiologico o comportamentale in altri individui della stessa specie che vengono a contatto con esse. Un esempio sono i feromoni sessuali che vengono scambiati per contatto o per stimolo olfattivo e che provocano interesse sessuale in un altro individuo. I feromoni vengono distinti generalmente in quattro classi a seconda dell'effetto provocato: 1. feromoni 'traccianti', che rilasciati da un individuo vengono seguiti da appartenenti alla stessa specie come una traccia; 2. feromoni di 'allarme', che vengono emessi in situazioni di pericolo, inducendo un maggiore stato di vigilanza in quanti li captano; 3. feromoni 'innescanti' o 'scatenanti', che inducono nel ricevente modificazioni comportamentali o fisiologiche a lungo termine; 4. feromoni 'liberatori' o di segnalazione, che scatenano comportamenti di aggressione o di accoppiamento nell'animale che li capta. Nelle api ad esempio i feromoni dell'ape regina inibiscono lo sviluppo degli organi riproduttori delle operaie.

dato insetto nell'ambito ad esempio di un meleto, di un'area boschiva oppure di un giardino o parco. Per questo scopo venivano e vengono impiegate tuttora trappole innescate con lo specifico feromone sessuale. Il controllo delle catture permette di 'guidare' la lotta agli insetti basandosi sulla loro effettiva presenza e densità. Attualmante l'impiego dei feromoni si è notevolmente evoluto ed è possibile difendere colture ortive e giardiniere, disorientando gli insetti fitofagi.

VIVAIO

> Data la natura del linguaggio umano non c'è possibilità di esprimere in una singola descrizione la totalità della realtà naturale.
>
> G. HOLTON, *The Roots of Complementarity*, in «Dædalus», Nov. 1978, p. 1017.

Un Vivaio è un luogo composto di diverse parti, un 'sistema' la ragione e lo scopo del quale sono quelli di produrre le piante necessarie alla manutenzione – rinnovo del giardino, più ancora che alla sua costruzione. Quindi un vivaio può produrre tanto i materiali per i prati, o gli stessi prati preconfezionati (vedi il capitolo specifico) o piante da fiore, o arbusti, o alberi: insomma l'intera gamma dei materiali vegetali che costituiscono un giardino. Anticamente tali vivai erano interni ai giardini, parte integrante di quell'organico sistema artificioso di cui erano uno degli essenziali organi vitali, le tracce dei quali sono spesso riconoscibili, anche se per lo più, a partire dal secolo scorso, furono abbandonati o trasformati in orti. L'azione di ripristinarli e renderli nuovamente funzionali è importante e necessaria per due ragioni differenti.

La prima ragione, come vedremo avanti, è che le piante prodotte in proprio crescono più robuste di quelle commerciate; la seconda è che comunque, in una condizione di diffusa standardizzazione della produzione, i tipi e la forma di piante necessarie ad un giardino storico non sono comprese tra quelle considerate economicamente vantaggiose dai grandi vivaisti.

Perciò proprio queste sono le piante che deve produrre il nostro vivaio: alberi e arbusti dalla forma libera, non regolare, piante non ipernutrite, ed infine specie tipiche antiche.

In quanto *negozio*, il vivaio nasce solo verso la seconda metà dell'Ottocento, come risposta commerciale alle richieste del collezionismo botanico che si sviluppò in quello scorcio di secolo fino a divenire una moda. L'introduzione in Europa di nuove piante dall'America, dal Giappone e dall'India, soprattutto ad opera dei viaggiatori inglesi, e l'attività della loro importante Società Orticola, ebbero un effetto fino ad allora impensabile. Fu come se un'improvvisa ubriacatura riempisse gli antichi giardini con nuove piante rare e originali, e i proprietari facevano a gara, contendendosi reciprocamente la palma del primato nell'introduzione di nuove specie o varietà. Lentamente, con il passare della moda e il cambiare dei tempi, tale richiesta diminuì di qualità: tuttavia il relativo commercio, per il sopravvenire dei giardini pubblici, rimase sempre molto elevata dal punto di vista quantitativo, e tale nuovo tipo di mercato, dapprima aleatorio, si stabilizzò definitivamente.

Prima che si diffondesse tale attività economica, a partire dall'inizio dell'Ottocento, indietro fino alla nascita dei primi impianti rinascimentali, la produzione delle piante per la realizzazione dei giardini e per il loro necessario rinnovo vegetale si risolveva per lo più, come detto, all'interno del giardino stesso: o si risolveva così, o si andava incontro a problemi di portata organizzativa ed economica non sostenibili da tutti (Figg. 39, 40).

Questo stato di cose, che perdurò per secoli, era reso possibile appunto grazie ai vivai interni ai giardini, quasi sempre presenti in qualsiasi impianto efficiente, anche se questo fosse stato di modeste dimensioni.[1]

Se oggi, entrando in un giardino antico, non sempre ritroviamo queste utili strutture, non è solo colpa di quell'abbandono che cancella la memoria delle cose, ma perché, anche a causa della nascita del mercato di piante, tali settori, divenuti inutili, venivano trasformati, come si è detto, in orti ad uso privato dei custodi, e tali rimanevano poi, per mancanza di interessi diversi, meno che mai quello della Storia o dell'Arte.

Abbiamo detto anche che le produzioni dei vivai commerciali condividono oggi alcune caratteristiche non sempre positive: mi riferisco in particolare alla ridotta gamma delle piante effettivamente disponibili, tanto più evidente se rapportate alle varietà rappresentate nei cataloghi, e alla loro qualità.

Nel primo caso la difformità quantitativa tra offerta e disponibilità concreta, a tutto svantaggio di quest'ultima, è a volte consistente, come per le rose, e, nel nostro caso, per le specie antiche, anche quando non siano particolarmente rare: parlo del bosso, che sia davvero la specie tipica *sempervirens*, dell'alaterno, della *Convallaria japonica*, della fillirea, di varietà di ciclamini, del timo, del *Ficus repens*, della *Lippia repens*, ecc. Nel secondo caso, come anticipato, la qualità delle piante in commercio, non risponde adeguatamente alle esigenze di un giardino storico, né per la forma né per lo stato vegetativo.

L'aspetto di una pianta, e in particolare quella di un albero, risente in modo determinante della potatura di formazione per mezzo della quale la si in-

---

[1] Re, 1864[5], p. 21: «chi abbonda di terreno destinerà due porzioni del medesimo, l'una per semenzaio e l'altra per allevarvi le piante giovani tanto erbacee quanto arboree, e per tenere in deposito quelle che si destinano al cambio con gli altri orti».

39. Firenze, Giardino di Boboli, pepiniera di alloro, lentaggine (*Viburnum tinus*) e bosso (impiantata nel 1983).

40. Firenze, villa Medicea di Castello, pepiniera di alloro e bosso nell'area denominata 'l'ortaccio' (impiantata nel 1983).

dirizza nei primissimi anni, nel periodo di passaggio tra piantinaio e vivaio. Risente inoltre del tipo di nutrizione forzata, tesa ad una floridezza tanto eccessiva quanto innaturale, ottenuta tra l'altro per mezzo di fertilizzanti ad alta specificità quali gli ormoni radicali e in abbondanti annaffiature (Figg. 41, 42, 43, 44, 45, 46).

Non sempre le esigenze di una produzione sicura e veloce permettono di soddisfare la domanda del tipo di piante che occorrono al restauro di un giardino storico. Anzi spesso tali esigenze si contrappongono, a tutto danno di quest'ultimo. L'offerta di mercato trascura o, peggio, travisa troppo spesso l'ambito figurativo, e il contemporaneo stato del gusto ha poco interesse, tempo o talento, per occuparsi dei modelli che sostanziarono la bellezza dei nostri giardini antichi, i quali rimangono così nel fondo di un cassetto ideale, da dove sembra che nessuno intenda tirarli fuori.

Se il nostro è un impianto che i padri curarono con amore e conoscenza delle arti del giardinaggio, con un po' di attenzione riconosceremo facilmente il luogo del vecchio vivaio. Possiamo quindi decidere di rimetterlo in funzione, ma per far questo dobbiamo avere le idee molto ben chiare sui nostri obbiettivi: un conto sono le piante arbustive e arboree, un conto quelle da fiore; un conto è il ciclo completo della produzione, un conto infine l'allevamento di piantine da semenzaio.

L'obbiettivo di limitare la produzione del nostro vivaio alle sole esigenze che il mercato non può soddisfare non è poca cosa, se è vero che tali esigenze sono quelle di un sostanzioso gruppo di specie arboree ed arbustive da fiore e da foglia, per la produzione delle siepi; in particolare le prime soprattutto per la loro forma, le seconde per la disponibilità reale in quantità adeguata.

Uno dei primi e più importanti vantaggi di un vivaio non commerciale è che le piante in esso prodotte, cresciute nel medesimo ambiente del luogo di posa a dimora definitiva, risentiranno molto meno del trapianto, a tutto vantaggio dell'attecchimento e dello sviluppo futuro; secondo, è che qui proprio noi, demiurghi del nostro piccolo mondo, scevri da interessi che non siano quelli della bellezza e della memoria, potremo modellare le piantine nel modo più adatto affinché, di lì a pochi anni, diano esito ad alberi degni di figurare tra i loro maggiori[2] (Figg. 47, 48).

In conclusione la costruzione di un vivaio riservato alla produzione interna è raccomandabile sotto diversi aspetti, particolarmente quando ci si confronta

---

2 Nel 1983, a Firenze, nel parco della villa medicea della Petraia, si dovette piantare una siepe di alloro lunga oltre trenta metri, metà dei quali si formarono con piante prelevate dal vivaio interno, da poco ricostituito, metà con piante acquistate. Dopo appena un anno la parte di siepe costituita dalle piante del nostro vivaio aveva raggiunto una grandezza doppia dell'altra, che al contrario, non era cresciuta quasi affatto.

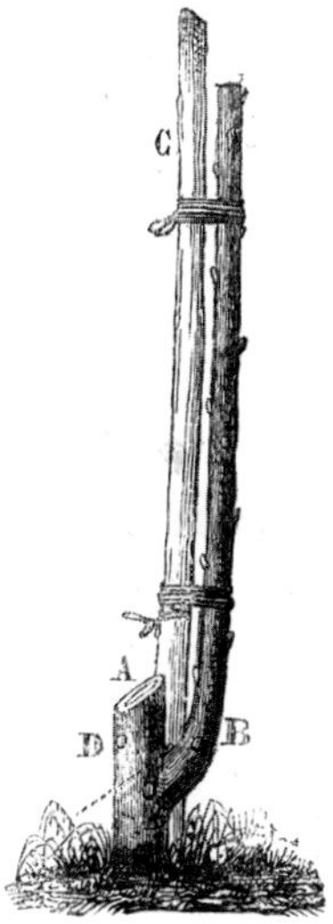

41

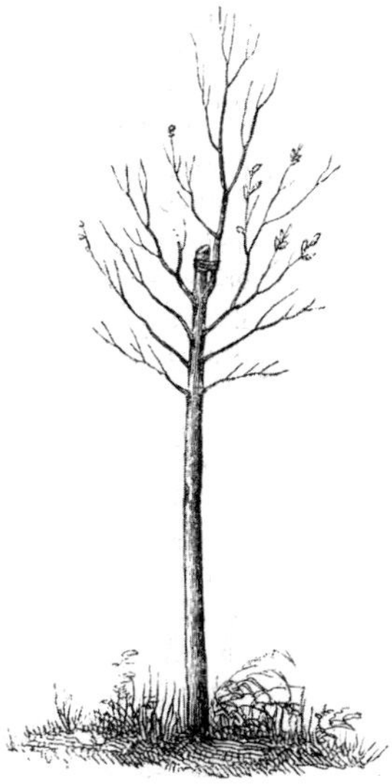
42

43

44

45

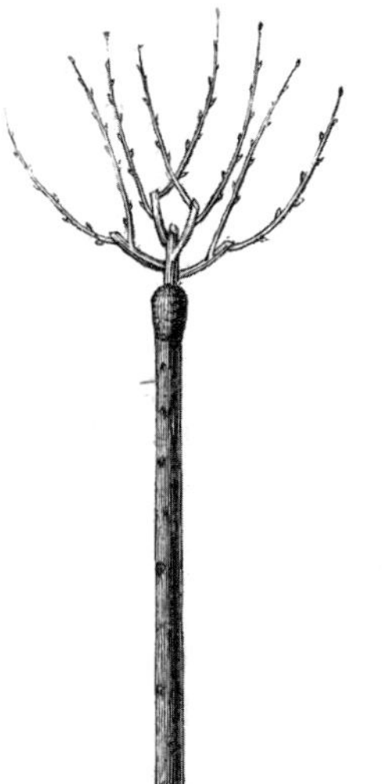
46

41. Modo di ceduare una piantina di un anno d'età al di sopra del punto d'innesto (Du Breuil, 1846). **42.** Giovane albero svettato al quale si riforma il fusto per mezzo della potatura (Du Breuil, 1846). **43.** Giovane albero di vivaio con i rami laterali troppo vigorosi (Du Breuil, 1846). **44.** Giovane albero potato eccessivamente alto (Du Breuil, 1846). **45.** Albero deformato da una potatura sbagliata (Du Breuil, 1846). **46.** Alberetto di due anni innestato ad otto rami (Du Breuil, 1846).

47. Parigi, Bois de Boulogne, Vivaio forestale interno per la produzione di alberi necessari ai rinnovi dei boschi nel parco (1990).

48. Baden-Württemberg (Germania), Parco di Schewtzingen, Vivaio interno per la produzione di alberi necessari ai rinnovi dei boschi (2008).

con il tema dei giardini storici; tuttavia, poiché la sua produzione non coprirà tutte le esigenze di un giardino, i vivai commerciali rimangono sempre un più generale punto di riferimento.

Il progetto del vivaio va innanzitutto rapportato ai nostri bisogni: grandezza, specie, età e quantità delle piante del nostro giardino sono le informazioni che determinano l'ampiezza, la fisionomia produttiva e il programma di gestione (Fig. 49)

Un vivaio strutturalmente completo è un sistema, costituito da tre parti: il semenzaio, il piantinaio (detto anche pepiniera)[3] e il vivaio vero e proprio. Di qui solitamente si esitano per la posa a dimora nel giardino piantine di sette o nove anni; piantine più giovani ricadrebbero nella categoria di quelle da rimboschimento, mentre individui più sviluppati non sono generalmente necessari, anzi, come specchio del sogno ambizioso e della bugiarda immagine dell'eterna floridezza, contrasterebbero quel principio di fedeltà alla storia, la quale, al contrario, proprio attraverso l'evidente disetaneità degli alberi mostra, con il segno del tempo che trascorre, la vita.

Il semenzaio ha una superficie venti volte più piccola di quella del vivaio, e richiede una attenzione particolare; dev'essere piano, irriguo, ben esposto ma riparato dai venti, o per mezzo di filari di cipressi o con muri; il terreno deve essere sciolto, e bisognerà quasi sicuramente ammendarlo con sabbia o torba per adeguarlo a tale necessità. Lo si bonificherà e si ripulirà, e si deve far attenzione che non sia circondato troppo da vicino da alberi a radici invadenti. Lo divideremo in tante piccole aiuole larghe circa un metro e lunghe quanto il campo, distanziate tra loro di quaranta-cinquanta centimetri per il necessario passaggio pedonale denominato 'passo d'uomo', e delimitate da un piccolo argine per il contenimento delle acque d'annaffiamento. Per riconoscere le specie seminate, ad ogni aiuola corrisponderà un numero d'ordine segnato su di un apposito cartellino (i trattati antichi ne mostrano una gamma consistente, con disegno spesso molto elegante) riportato su di un quadernetto, sul quale verranno registrate tutte le informazioni atte al riconoscimento e generalmente utili al giardiniere. Nel nostro semenzaio alleveremo soltanto le specie arboree tipiche, perché le varietà, quando, come nel nostro caso, si deve di garantire la trasmissione dell'identità genetica, vanno riprodotte per talea, e quindi direttamente in piantinaio.[4]

---

[3] Dal francese *pépinière*, semenzaio, a sua volta da *pépin*, seme.

[4] Nel campo del Restauro dei giardini storici questa dell'autenticità delle specie è una questione centrale. Cfr. SCAZZOSI, 1993, p. 158: «Anche le specie e le varietà sono per certi aspetti documento, poiché le loro caratteristiche mutano nel tempo per l'attività progettuale umana e anche per esse si deve parlare di irripetibilità».

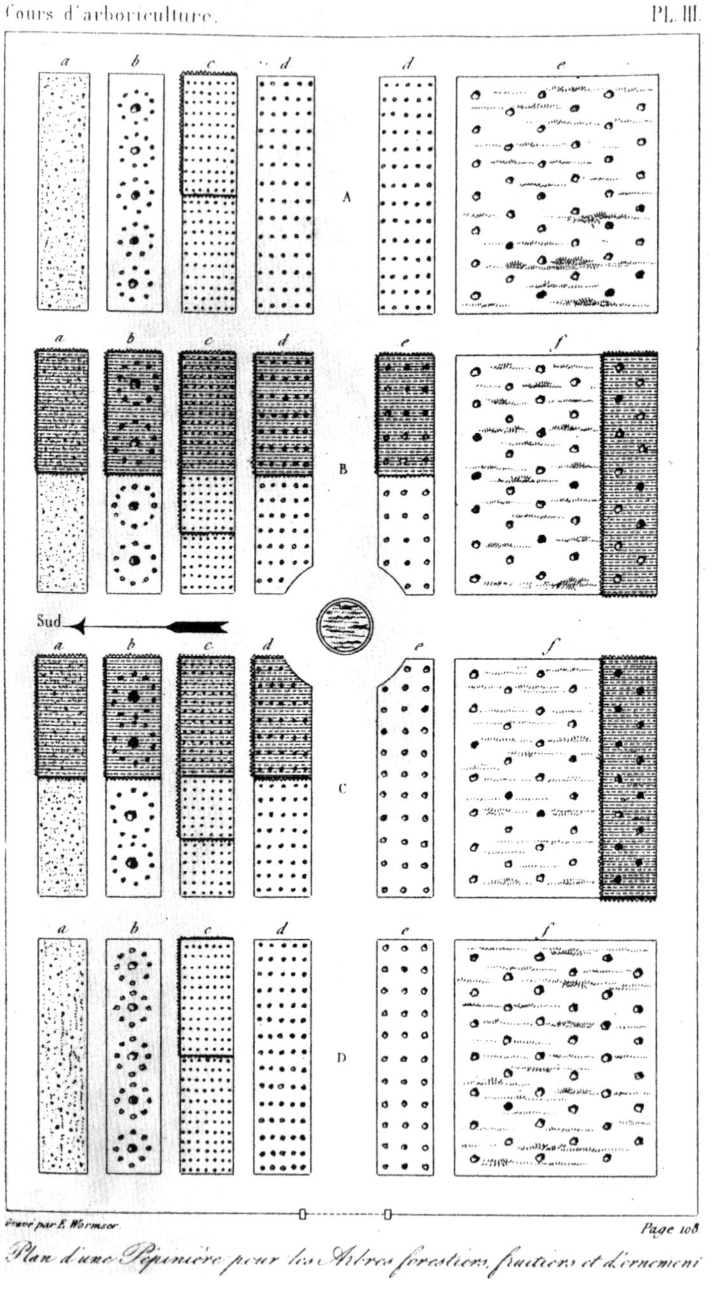

49. Schema di un vivaio per alberi forestali, da frutto o d'ornamento (Du Breuil, 1846).

Il semenzaio va vangato ogni anno prima di essere seminato, e poi, ciascun anno successivo, smosso una seconda volta per levare le piantine da porre in piantinaio o in vivaio. Grazie a queste costanti lavorazioni la terra diventa progressivamente più sciolta, e quindi sempre più adatta al tipo di funzione cui è preposta.

Per il periodo delle semine non esiste un calendario fisso, ma bisogna regolarsi in rapporto alle caratteristiche del clima locale. Nelle regioni settentrionali, più fredde, si semina in primavera o anche prima, se si tratta di conifere e se il terreno non è gelato. Nelle regioni meridionali, dove fa più caldo, i semi si possono interrare alla fine di settembre, appena passate le piogge di fine stagione; anche in questo caso per le conifere si fa eccezione, e si semina più avanti, verso novembre. I semi più grossi, come quello della quercia o dell'ippocastano, devono essere posti a dimora con il foraterra ad una distanza di almeno dieci centimetri l'uno dall'altro. Quelli più piccoli, come nel caso ad esempio del *Cercis*, dell'eleagno, della robinia, del tiglio, non andranno sparsi uniformemente sul terreno, ma disposti a filari. Si procede aprendo per mezzo di una zappetta un solco di due centimetri di larghezza nel quale si spande il seme; poi, a distanza di altri quindici centimetri dal primo, si apre un secondo solco identico, riversando nel primo la terra che si toglie, e così via, in modo simile allo scasso descritto nel capitolo del terreno. In questo modo si limita la densità di crescita delle future piantine, facilitando i lavori di sarchiatura e di scerbatura. Nel caso di piante come il platano, che ha i semi molto più piccoli di quelli degli altri alberi, il modo migliore per seminarli uniformemente evitando l'eccessiva densità è quello di mescolarli a sabbia, anche perché si tratta di specie che nei primi anni di vita crescono molto velocemente.

Quando poi si ha a che fare con semi piccolissimi come quelli dell'eucalipto o del corbezzolo, non conviene metterli nel semenzaio, ma porli in appositi catini e di qui, l'anno successivo, trapiantarli direttamente nel piantinaio o nel vivaio. Tanto le seminagioni autunnali quanto quelle primaverili vanno protette con pacciamatura di letame paglioso, che si può togliere a germinazione avvenuta; tuttavia nel caso di quelle primaverili, poiché il sole comincia a scaldare presto, è opportuno ombreggiarle a lungo con apposite stuoie di canna (Figg. 50, 51, 52).

Nei primi periodi, e in particolare fino a che lo stelo non comincia a lignificare quanto basta per proteggersi dal consolidamento della terra attorno al colletto, sarà bene bagnare con frequenza, così da mantenere sempre umido il semenzaio; subito dopo, a meno che non sia richiesto per esigenze particolari di specie come il tassodio (*Taxodium distichum*), i pioppi o le betulle, si cominciano a diradare lentamente le annaffiature. Durante tutta la permanenza delle piantine in semenzaio è indispensabile diserbare e sarchiare più

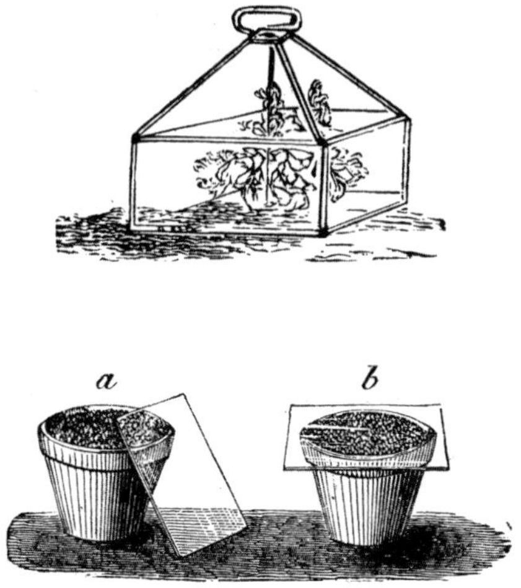

50

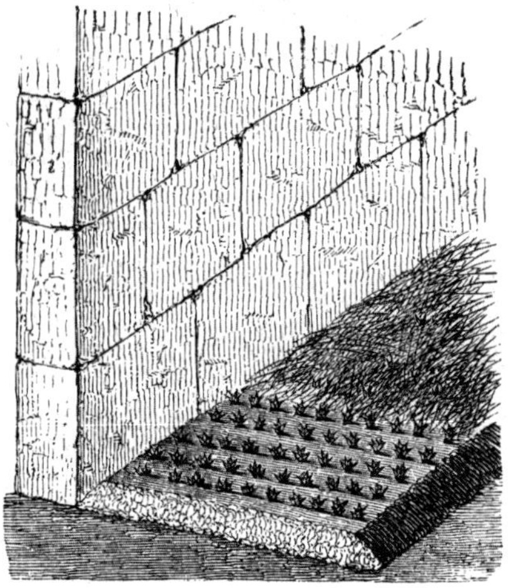

51

50. Seminagione di piante delicate coperte con vetri (Roda, 1915[6]). **51.** Aiuola con trapiantagioni annuali (Roda, 1915[6]).

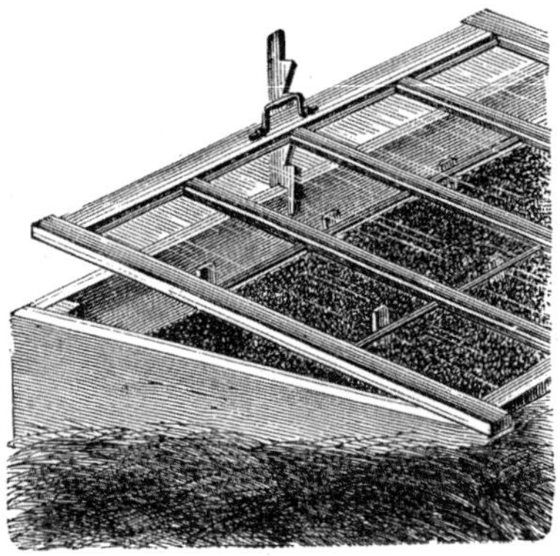

52. Svernamento in cassone di pianticelle delicate (Roda, 1915[6]).

volte, perché il terreno deve essere sempre sgombro da malerbe e mantenuto soffice.

Se, nonostante tutte le cure, le piantine avessero una densità eccessiva, bisognerà provvedere ad un diradamento, ma non prima che quelle abbiano raggiunto i due-tre centimetri di altezza. Si aspetta il momento migliore, quando la terra è leggermente umida, e la piantina si estrae senza problemi, perché il fittoncino è ancora molto tenero, e l'operazione non provocherà danni alle piante destinate a rimanere. Attenzione a non lasciar passare questo momento, perché ben presto le radici si sviluppano intrecciandosi fra loro, e allora lo sfilaggio avverrebbe con grande difficoltà, col rischio di danneggiare le piante scelte per il prosieguo della crescita. Eseguito il diradamento, il semenzaio va annaffiato allo scopo di ricompattare il terreno.

Le piantine non debbono rimanere in semenzaio per più di un anno, e, a prescindere dalla dimensione raggiunta, variabile da specie a specie, vanno trapiantate in inverno; in quest'arco di tempo, mentre un ippocastano può raggiungere anche i settantacinque centimetri di altezza, i pini non vanno oltre i dieci, e spesso sono ancora più bassi. Le specie che con un altro o al massimo con altri due anni raggiungono l'altezza voluta si passano direttamente nel vivaio; le altre, come tutte le conifere e la maggior parte di quelle a foglia persistente, debbono essere prima trapiantate nel piantinaio.

La disposizione del piantinaio è analoga a quella del semenzaio, ma la natura del suolo dev'essere quella del vivaio vero e proprio, del quale parleremo più avanti. Avrà quindi le aiuole a solchetti paralleli, ma sarà suddiviso in due parti, perché deve essere costituito di due diverse qualità di terreno. Le piantine vengono trapiantate a radici nude, che, se fittonanti, debbono essere spuntate. I piantoncini verranno posti a dimora nelle aiuole ad una distanza variabile a seconda della specie, ma solitamente a venti centimetri l'una dall'altra in tutte le direzioni; il terreno sarà piuttosto compatto, perché nel piantinaio si coltivano soprattutto le conifere e le piante sempreverdi, che, a partire dal secondo anno di stazionamento, si debbono spiantare con tutto il pane di terra. È opportuno sottolineare questo aspetto, perché le piante a foglia caduca che prima di essere poste in vivaio hanno bisogno del passaggio in piantinaio sono davvero poche, e siccome, salvo casi speciali, sono trapiantate a radice nuda, è bene che il terreno dove crescono sia invece abbastanza sciolto.

Anche qui, come già nel semenzaio, appena effettuato il trapianto, se non piove abbastanza, si deve annaffiare abbondantemente e coprire il suolo con una pacciamatura di letame paglioso; ma se la stagione mostra di essere piuttosto calda, sarà prudente, almeno per un mese, coprire le aiuole con delle stuoie. Come abbiamo detto, tutte quelle piante che si riproducono per mezzo di talee, sia radicanti a cielo aperto come il bosso, sia radicanti in cassone come la rosa, passeranno nel vivaio al più dopo un anno di permanenza nel piantinaio; perciò possono essere poste tra loro anche a distanza molto più ravvicinata, senza pericolo che si diano fastidio l'una con l'altra.

In genere, salvo il caso in cui si debbano effettuare innesti per produrre varietà, le piantine rimangono in piantinaio due o al più tre anni, poi vengono poste nel vivaio (Figg. 53, 54, 55, 56).

Il trapianto in vivaio si effettua in inverno, dopo che il terreno è stato lavorato a fondo con la vanga; qui le piante a foglia caduca hanno bisogno di un terreno sciolto e mediamente fertile, da preferire ad uno, anche fertilissimo, ma compatto. Debbono essere disposte a filari, che avranno un passo di circa un metro l'uno dall'altro, variabile in più o in meno a seconda della dimensione che dovranno raggiungere. La distanza tra le piante invece sarà più ridotta, circa la metà di quella tra i filari, e tale rimarrà per tutto il primo e il secondo anno, dopo di che dovranno essere esitate o trapiantate a maggior distanza. La forma del vivaio, che predomina su quelle del semenzaio e del piantinaio, e le condiziona, è bene che sia il più possibile regolare, prossima al rettangolo o al

53. Propagazione agamica praticata per propaggine (Roda, 1915[6]).

quadrato, tagliata ortogonalmente da due viali larghi almeno due metri per facilitare le operazioni di coltivazione. I quadri suddivisi saranno disposti a solchi paralleli e piccoli passi d'uomo come nel semenzaio, ma proporzionalmente più ampi, destinati ad essere disfatti e ricostruiti con forma diversa ad ogni nuova coltivazione. Anche nel caso in cui il terreno ha forma irregolare, bisogna ricondurlo a quelle indicate, perché diversamente il lavoro ne resterebbe molto appesantito.[5] Come si accennava per il semenzaio, tutto il complesso destinato alla produzione delle piante deve essere

54. Schema grafico di una propagazione agamica praticata per margotta (Re, 1864[5]).

5 Cfr. al proposito il metodo di scompartimento del giardino descritto in: Ferrari, 2001, Libro I, pp. 16-17.

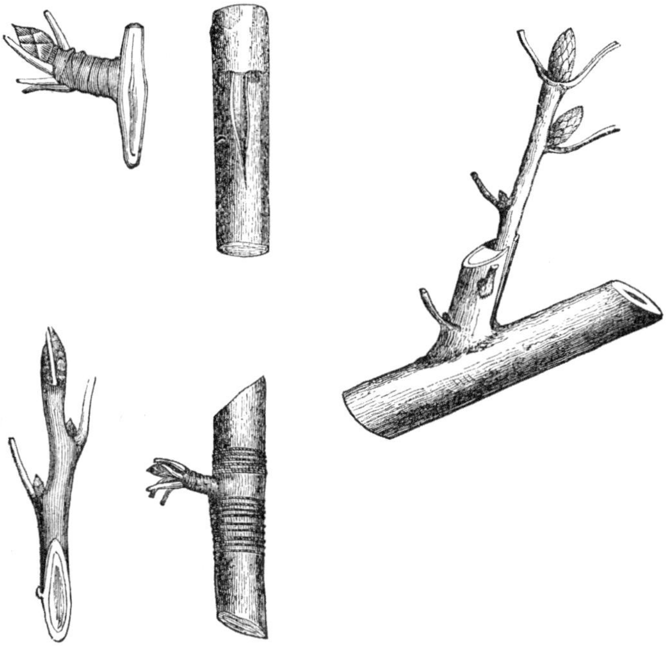

55. Tipi di innesti ('a scudetto' e 'a spacco') (Robinson, 1869).

56. Tipo di innesto cosiddetto 'per approssimazione' (Roda, 1915[6]). Ricordo a tal proposito un suggerimento di Luciano Giugnolini, a proposito del secolare leccio della villa della Petraia a Firenze, cosiddetto 'di Vittorio Emanuele', un albero monumentale con una scala in legno ed un belvedere sul quale il Re Vittorio Emanuele II soleva prendere il caffè, albero che in quegli anni attorno al 1982 iniziava a deperire ponendo la questione se fosse da conservarlo anche dopo la morte o se invece fosse da ripiantarlo. In tale ipotesi, dovendo ottenere in tempi brevi una dimensione consona a quella della vecchia pianta, Giugnolini consigliò di utilizzare non una, ma tre piante di leccio, approssimate tra loro a formare un'unico organismo, che in tal modo avrebbe potuto soddisfare le particolari esigenze monumentali meglio e più rapidamente di una sola pianta (cfr. Tav. IV).

difeso dagli agenti atmosferici non diversamente da quelli accidentali. La cosa migliore è l'associazione di un muro continuo e di un filare di cipressi, i quali rispettivamente si dividono il compito di guardiani dei venti freddi questi ultimi, e dell'ospite indesiderato l'altro; ma se si volesse ricorrere alla siepe viva, ci si deve guardare da specie con radici troppo invadenti, perché verrebbero a sottrarre nutrimento alle piante del vivaio; scegliere quindi, anche come frangivento, il biancospino, la rosa canina, la tamerice, il tasso e altri simili.

Sottolineo che nelle piante a foglia caduca si deve poter modificare molto presto l'apparato radicale, recidendo il fittone e rendendo così globosa la forma delle radici, perché diversamente, se il fittone fosse libero di svilupparsi in profondità per due o tre anni, vi sarebbero rischi per il trapianto finale. Tali trapianti intermedi sono quindi propedeutici alla riuscita di quello.

A differenza delle caducifolie, le piante a foglia persistente richiedono un terreno compatto, perché, essendo estratte con la zolla, il terreno dovrà avere la consistenza sufficiente a rimanere accorpato all'apparato radicale senza sbriciolarsi. Poiché la crescita delle sempreverdi è più lenta delle spoglianti, dovranno rimanere in vivaio almeno cinque o sei anni, e di conseguenza essere trapiantate più volte, almeno ogni due anni. Saranno anch'esse disposte a filari rapportando la distanza fra questi e le piante stesse alla dimensione raggiungibile nei due anni che separano un trapianto dall'altro.

Si ricordi che le conifere, con il loro portamento piramidale, prendono più spazio e vanno distanziate maggiormente. Alcune specie, come ancora le stesse conifere, ma anche ad esempio i bambù, le magnolie, i ligustri, gli allori destinati ad assumere forme geometrizzate, dopo circa sette anni, possono essere trapiantate in cassoni di legno e qui coltivate ancora per uno o più anni. In tal modo lasciano un posto libero nel vivaio e sono pronte per la posa a dimora definitiva in qualsiasi momento.

Il vivaio, sia nel settore delle spoglianti che in quello delle sempreverdi, richiede almeno tre sarchiature l'anno, e una vangatura attorno alle piante destinate a permanere ancora una stagione. L'irrigazione dovrà essere controllata e parsimoniosa, perché diversamente, pur ottenendo piante bellissime, si corre il rischio che dopo il trapianto definitivo, se poste in zone povere di acqua, patiscano eccessivamente. Addirittura, nelle località più fresche, le piante spoglianti possono trascorrer quasi tutto il primo anno senza annaffiatura, e in questi luoghi il settore di vivaio a loro dedicato potrebbe anche non essere irriguo.

Invece richiedono più acqua le sempreverdi, e specie le conifere, se non si dispone di un terreno argilloso in grado di ritenere a lungo l'umidità; ma anche qui, comunque, si faccia attenzione ad irrigare piuttosto meno che più, per gli stessi motivi sopra esposti. Lo scadenzario delle irrigazioni, molto variabile in rapporto alle regioni italiane, sarà attorno alle quattro volte al nord, e alle venti volte in meridione e lungo i litorali.

Anche se oggi si ricorre quasi ovunque al sistema della distribuzione a goccia con tubi di polietilene,[6] penso che il vecchio sistema a solchi alimentati da canali in muratura offra maggior affidabilità, oltre ad un livello minore di onere manutentivo.

Quanto finora detto riguarda la regola, e la ordinaria gestione del vivaio e della sua produzione; tuttavia la molteplice realtà delle situazioni in cui si vengono a trovare i giardini storici, sia per motivi architettonici che storici o botanici, richiede a volte che le piante da reimpiantare abbiano dimensioni eccezionali, di molto maggiori di quelle che solitamente hanno quelle esitate dal vivaio. E non si creda che parliamo di un capriccio dell'epoca moderna. A parte i famosi carri trapiantatoi usati su larga scala da Alphand nella costruzione dei boulevard e dei parchi pubblici parigini della Francia di Napoleone III,[7] già nel Settecento tali opportunità erano previste, teorizzate ed applicate.[8] La preparazione di piante di questo tipo, che vengono definite *esemplari*, appartiene alla categoria di quelle che per motivi di praticità e snellezza di ge-

---

6 È questa una pratica sicuramente abusata, anche se si tiene conto dell'innalzamento delle temperature e dell'abbassamento delle falde idriche. Esistono situazioni, come nella campagna pugliese, dove per chilometri e chilometri addirittura gli olivi, cioè piante abituate al secco, vengono bagnati continuamente, tanto che i tubi di irrigazione corrono sospesi da pianta a pianta (per facilitarne la manutenzione) un po' grottescamente simili agli ormai scomparsi festoni delle viti maritate di un tempo, lodati dal Goethe nel suo *Viaggio in Italia*. Un impatto negativo, che stravolge il paesaggio, anche solo sotto il profilo dell'immagine.

7 Cfr. a tale proposito quanto scrive S. GIEDION, *Spazio, Tempo e Architettura*, Milano, Hœpli editore, 1981 (1ª ed. 1941), p. 650. Sempre rispetto al medesimo tema è di grande suggestione la testimonianza diretta del principe Hermann Von Pückler, che realizzò un immenso parco nella sua tenuta di Muskau (Germania orientale), trapiantando querce secolari con l'aiuto dei suoi contadini, querce che, ancor oggi perfettamente vegetate, vengono mostrate ai visitatori del parco come veri e propri monumenti vegetali. Cfr. HERMANN FÜRST VON PÜCKLER-MUSKAU, *Andeutungen über Landschaftsgärtnerei*, 1834. Ed. It.: *Giardino e Paesaggio*, Milano, Rizzoli, 1984, p. 67: «...Nel mio parco [...] adesso posso esibire parecchi esemplari – alcuni alti fino ad ottanta piedi – che furono trapiantati parecchi anni fa [...] conservando tutte le radici e tutti i rami e dei quali nessuno, beninteso, direbbe che non sono cresciuti nel posto in cui si trovano».

8 DÉZALLIER D'ARGENVILLE, 1747, p. 248: «Si l'arbre n'est point d'une grosseur extraordinarie, ni trop garni de la tête, deux hommes le porteront facilement sur un bar ou civiére, pendant qu'un troisiéme le soutiendra, & l'entretiendra tout droit avec les mains, mais si cet arbre étoit trop gros, que la motte eût un grand circuit, & que la tête fût bien garnie, comme sont les gros arbres, que l'on plante chez lez Roi; alors pour le transporter, il faudroit une machine faite exprès, qui est comme une espéce de chévre ou traîneau, où l'arbre est un peu incliné & supporté par la tête, de crainte que les branches ne se cassent. Il y a encore une machine plus commode, qui est une espéce de charrette, avec deux grandes vis & des chaînes pour élever & suspendre la motte de l'arbre, l'entretenir sans le fatiguer dans le transport, & le descendre ensuite dans le trou. On fait tirer ces machines par deux chevaux, & plus s'il en est besoin».

stione non consiglio di svolgere nel nostro vivaio, ma di cercare presso i vivai commerciali più affidabili; tuttavia, se si entrasse nell'ordine di idee di produrla in proprio, bisognerà che si pensi per tempo a come cavare una pianta che sarà pesantissima e a come maneggiare un volume così scomodo durante il trasporto dalla zona di espianto quella di posa a dimora definitiva. Al proposito esistono sul mercato alcuni modelli di attrezzature molto semplici, dei quali è prudente provvedersi anticipatamente. In antico ne esistevano di molto efficienti e maneggevoli (Fig. 57).

I trapianti possono ricondursi ad almeno tre tipi: quello che si fa ordinariamente da semenzaio, a piantinaio, e a vivaio, dei quali si è appena parlato; quello definitivo con piante provenienti da vivaio, e quello, eccezionale, di piante cresciute in piena terra per le quali, in origine, non era previsto il trapianto.[9]

Il periodo e le tecniche del trapianto dipendono da almeno tre variabili, delle quali la prima è dominante: il tipo di albero, il clima della località e la natura del terreno. Per quanto riguarda il primo punto, le piante spoglianti si poseranno in autunno-inverno[10] e quelle sempreverdi all'inizio della primavera,[11] e questo perché nel primo caso l'organismo vegetale, in letargo, non soffre della stretta del gelo, e prevale l'interesse all'assestamento della pianta, in modo che a primavera l'apparato radicale, perfettamente amalgamato con il terreno, può riprendere le funzioni vitali nelle condizioni migliori; nel secondo caso accade invece il contrario, perché la pianta, pur se a regime ridotto, man-

---

9 Solo quando tale operazione non contrasti con le leggi vigenti, e, più in generale, secondo il nostro buon senso, con il rispetto dovuto alla più assoluta integrità dell'Ambiente.

10 Pucci, 1922, pp. 1-14: «Malgrado le regole anzidette quando si può farlo senza alcun danno per le piante, le piantagioni autunnali saranno sempre da preferirsi. Piantando in autunno noi sappiamo che gli alberi a foglie caduche sono per andare in riposo assoluto o lo sono di già: quindi non avviene in essi alcun disturbo di vegetazione per il loro trapiantamento. Invece piantando alla fine dell'inverno e sul principio di primavera noi troviamo gli alberi già in succhio, nei quali cioè è già cominciato il risveglio vegetativo, malgrado che apparentemente sembrino essere tuttora in riposo. Non avendo dati precisi sul momento in cui è cominciato il risveglio e sul grado di esso all'epoca del trapiantamento è certo che noi procuriamo un disturbo nella vita delle piante, che si manifesta poi con una vegetazione stentata, quando non ne avviene addirittura la morte. Ciò accade più facilmente quando le piantagioni si fanno molto tardi a causa del cattivo tempo. La piantagione autunnale può essere anticipata o ritardata di parecchi giorni, da un anno a un'altro, secondoché la temperatura si mantiene più o meno alta, cagionando un'anticipazione o un ritardo nel principio del riposo delle piante».

11 Cfr. Re, 1864[5], pp. 99-101: «Oltre (parlando di tempo di piantare) quanto si è detto del clima, si avrà ad esaminare la qualità degli alberi. Essi si possono a quest'uopo considerare divisi in tre classi: altri perdono le loro foglie al principio di autunno, alcuni conservanle nel cuore d'inverno, e vivono in piena terra, e parecchi continuano per tutto l'anno a fiorire ed a fruttificare. I primi si pianteranno cadute le foglie, i secondi maturati i frutti, lo che suole accadere in primavera; gli ultimi, siccome non reggono fra noi per terra, potranno trapiantare tutto l'anno...».

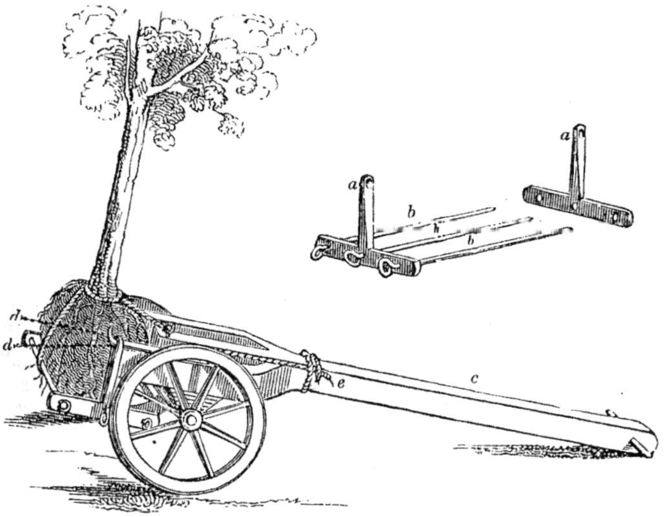

57. Macchina manuale per il sollevamento e il trapianto di alberi di grossa mole (LOUDON, 1834).

tiene l'attività vegetativa durante tutto l'anno, e se fosse costretta a svernare in piena terra durante i rigori dell'inverno la crisi conseguente al trapianto potrebbe esserle fatale.

Se il clima della regione è particolarmente dolce, si può derogare a quest'ultima regola, e piantare anche le sempreverdi prima dell'inverno, soprattutto se il terreno è sciolto ed esente da ristagni. Quando invece si ha a che fare con terreno argilloso, le regole sopradette debbono essere rispettate con la massima attenzione e non ammettono deroghe.

Le piante sempreverdi si trapiantano con il pane di terra; quelle spoglianti, almeno fino ad alcuni anni fa, a radici nude. Mentre infatti queste ultime, essendo come in letargo d'inverno, possono sopportare senza danni una temporanea esposizione delle radici all'aria e alla luce, le sempreverdi pagherebbero a caro prezzo l'interruzione, anche limitata nel tempo, dell'apporto nutrizionale, costantemente richiesto dall'apparato fogliare persistente.

Oggi tuttavia, un po' per semplificare le operazioni di posa a dimora, un po' per facilitare il commercio che richiede la disponibilità di piante sempre più grandi, ed in ogni stagione dell'anno, anche quelle spoglianti vengono commercializzate sempre più spesso in contenitore.

Poiché sono stati lavorati regolarmente a più riprese, gli individui allevati in vivaio vengono espiantati senza particolari difficoltà: ricordo che i loro apparati radicali non hanno fittone, perché allevati a globo sia in previsione del loro definitivo utilizzo, ma anche per le necessità dei trapianti intermedi. Le loro radici non saranno allungate, ma numerose e relativamente corte, poco più del raggio della zolla che si dovrà formare per il trasporto della pianta. La formazione della zolla si esegue con la vanga, tagliando dapprima il terreno alla distanza voluta dal fusto, che per piante di sette o otto anni può essere di trenta o quaranta centimetri (Figg. 58, 59, 60, 61, 62); nel compiere questa operazione, necessaria per svincolare la zolla dal contesto del terreno, si deve porre grande attenzione a non lacerare alcuna radice, provvedendo ad eliminare solo quelle morte, o danneggiate, o eccessivamente lunghe; anche questa operazione va fatta con la massima attenzione, praticando un taglio netto e privo di slabbrature con forbici da pota ben curate ed affilate, e spalmando sulla superficie esposta un impasto di argilla e acqua misto a sostanze disinfettanti. Queste operazioni, se a suo tempo la pianta è stata lavorata a regola d'arte, non presentano particolari difficoltà. Invece il trasporto e la posa a dimora sono momenti delicati, perché con gli inevitabili scuotimenti dovuti al sollevamento e ai diversi spostamenti, la zolla si potrebbe danneggiare, o addirittura spanare, con conseguenze gravi. Se ci rendiamo conto che il terreno di presa non è sufficientemente compatto e aderente alle radici, sarà bene, prima di estrarre la pianta, avvolgere il pane di terra con un telo di iuta o anche con una rete da pollaio a maglia sciolta; non è necessario chiudere anche il fondo, perché tale protezione è sufficiente a contenere il pane di terra fino a lavorazione conclusa. Poi però, prima di rinterrare, ricordiamoci di levare questa fasciatura, perché, anche se apparentemente debole e deperiente, può inibire la crescita dell'apparato radicale in una fase delicata come quella della ripresa; in questo guardiamoci anche dai cattivi consiglieri.[12]

La posa a dimora della pianta richiede il rispetto di alcune piccole accortezze. Innanzitutto la buca: essa verrà predisposta per tempo, e più lungo sarà l'intervallo temporale tra lo scavo e la posa a dimora meglio sarà, perché in tal modo la terra si ossigena, e questo non può farle che bene. Anzi, poiché nei nostri giardini operazioni come queste sono per lo più interventi di rinnovo, e si deve ripiantare nello stesso luogo della pianta da sostituire, dobbiamo sapere se la pianta vecchia sia morta a causa di infezioni radicali o se comunque, al momento di estrarre la ceppaia, si siano trovate larve o funghi nel terreno. In caso affermativo bisogna provvedere al risanamento del terreno con la sommi-

[12] Alcuni sostengono che la juta o il filo di ferro, rispettivamente macerando e ossidandosi, non soltanto non danneggiano la piante, ma si trasformano in nutrimento. Il ragionamento andrebbe anche bene se non fosse che i tempi di trasformazione chimica di tali materiali sono di gran lunga più lenti di quelli che impiega l'apparato radicale a riprendere lo sviluppo, che rimane così soffocato dalla costrizione dell'involucro.

58

59

58-62. Roma, Oasi di Pace, espianto di una *Quercus robur* di dieci anni già azzollata (cortesia della Società Cooperativa Florovivaistica del Lazio).

60

61

nistrazione di appropriate sostanze disinfettanti. In generale dovremo sempre abbondare nelle dimensioni della buca, anche se poi per riportarla a misura si dovrà in parte riempirla con la sua stessa terra, o con terra migliorata: il terreno su cui noi di solito operiamo non è quello di un giardino di nuovo impianto, lavorato e dissodato a fondo da poco; ma uno che da anni, e a volte da secoli non è stato toccato dal ferro. Praticamente lo scavo della buca è una sorta di scasso a sezione obbligata destinato a rivoltare il terreno almeno intorno all'area della nuova piantagione.

La seconda regola riguarda il drenaggio della buca. Quando il terreno non è permeabile, bisognerà provvedere alla formazione di un drenaggio. È questo un punto che va riguardato con la massima attenzione, perché il ristagno d'acqua è molto insidioso e causa di conseguenze anche irreparabili.[13]

Nel capitolo dei terreni si è parlato già di drenaggi e fognature. In questo caso i sistemi e i principî regolatori sono sostanzialmente gli stessi: nei casi più semplici basterà approfondire la buca di trenta o quaranta centimetri (lo spessore è proporzionale alla grandezza della pianta e alla compattezza del terreno) e colmare questo controscavo con ciottoli, pietrame, o con fascine di erica. Su questo cumulo, una volta portato nuovamente in quota, si getterà terra e si calpesterà ben bene per consolidarlo ricompattarlo. In casi particolarmente difficili questa fognatura semplice non può bastare, e allora sarà necessario scavare un'altra buca ad una distanza di circa tre metri dalla prima, in direzione della pendenza del terreno, o, in caso di terreno pianeggiante, ad una quota più profonda tale da creare tra la prima e la seconda fossa un adeguato grado di pendenza per lo scorrimento delle acque; tale buca, parzialmente riempita di ciottoli ricoperti di paglia per difenderli dalla terra e posta in comunicazione con quella principale per mezzo di una fossa adeguata, diventerà il vero luogo di drenaggio, liberando la prima dell'acqua stagnante. Abbiamo eseguito questo tipo di opera per la posa a dimora di una *Washingtonia filifera*, durante il restauro del parco della villa il Ventaglio a Firenze, e i risultati sono stati ottimi[14] (Figg. 63, 64).

Ora si può procedere a posare la pianta. Il colletto, cioè quel segmento della pianta che separa l'apparato radicale dal fusto, non deve venire a trovarsi

---

[13] Nel giardino di Boboli, nei prati a ridosso della vasca dell'Isola, uno dei due cedri disposti simmetricamente all'asse al centro dei prati, è stato sostituito senza successo per almeno tre volte, nonostante ogni volta si sia provveduto a realizzare e a migliorare la fogna destinata a liberarlo dall'acqua.

[14] Pucci, 1922, pp. 1-14: «Le fosse saranno larghe da m 1 a m 1,2 e profonde m 1, se il sottosuolo è normale, vale a dire formato di buona terra e permeabile; in caso contrario si aumenterà la profondità ancora di 50 o 60 cm e questo spazio sarà destinato alla fognatura delle fosse... La fognatura si farà con sassi grossi, disposti convenientemente in modo che le acque vi possano bene scorrere e facilmente uscire dalle fosse nei fossetti di scolo, che sono come tante appendici alle fosse medesime. Di questa fognatura possiamo farne a meno soltanto nei casi in cui si abbia un sottosuolo completamente permeabile; altrimenti è sempre prudenza l'adottarla».

63. Firenze, parco della villa Il Ventaglio, fognatura in sassi e drenaggio di una fossa per la piantumazione di un esemplare di *Washingtonia filifera*. **64.** Firenze, parco della villa Il Ventaglio, la palma di cui alla fig. 63 a tre anni dalla sua piantumazione.

63

64

al di sotto del livello di campagna. Questa esigenza ci obbliga a prendere le dovute precauzioni, perché, se avremo a che fare con terreno sciolto e leggero, si dovrà piantare con un'eccedenza dai tre ai dieci centimetri, e se compatto, da uno a tre. Così facendo, trascorso un anno, durante il quale il terreno già sciolto del rinterro si compatta anche per lo scorrimento dell'acqua d'annaffiamento, la pianta si abbassa un poco fino alla quota desiderata. Se la zolla è troppo asciutta, sarà meglio tuffarla o annaffiarla per facilitare poi la penetrazione delle sostanze nutritive. Se la pianta è stata tenuta in vaso, bisogna smuovere un po' la terra attorno al pane con uno stecco, per separare e arieggiare le radici. Fra le pareti della fossa e il pane va posto del letame ben macero, affinché stimoli la crescita come vedremo per le piante spoglianti. Prima della posa si getti nel fondo della fossa un po' di terra molto sciolta, a formare un monticello proprio al centro del fondo, come un cuscino d'appoggio che difende l'apparato radicale dalle lacerazioni e lo distanzia dal fondo quel tanto che basta per evitare vuoti proprio nel punto più delicato per la ripresa delle radici. Si ricordi poi di mettere a piombo il fusto: non tutte le piante vengono su dritte dalla radice, e spesso, anche a causa del trasporto, o di altri fattori accidentali, piegano dopo il colletto o anche in altre sezioni del fusto. La capacità di movimento degli organismi vegetali fa sì che eventuali inclinazioni del fusto vengano compensate naturalmente durante la crescita, e noi stessi, con opportune tutorazioni, possiamo forzare con successo la piante a riprendere la loro perfetta verticalità. Ma non si ricorderà mai abbastanza che, almeno nel caso dei giardini storici, non sempre il concetto di bellezza coincide con quello della regolarità e della simmetria della forma.[15]

A lavoro finito, il giardiniere, appoggiandosi all'albero con entrambi le mani, gli girerà intorno pestando forte il terreno per farlo aderire come si deve alle radici; ma attenzione a pestare nella corona circolare compresa tra il perimetro della fossa e quello della zolla, perché, premendo direttamente sulle radici, le si potrebbero danneggiare, facendo più male che bene. Se con questo lavoro la quota del terreno si sarà abbassata troppo, bisognerà ricaricarla quel tanto che basta.

A questo punto si dovrà subito confermare la tutorazione della pianta precedentemente legata all'albero per conservarne la stabilità nel periodo di attecchimento: nel caso di piante sempreverdi, la tutorazione sarà obbligatoria-

---

[15] Si potrebbe ragionare circa la natura ideologica dell'allevamento delle piante, in parte già sfiorata nella parte iniziale di questo capitolo, e che da sola merita una trattazione propria che esula dagli ambiti di questo scritto, perché investe per certi versi la filosofia del giardinaggio, rispetto al contemporaneo decadimento del gusto, e al falso mito, che di quello è la esplicitazione semplicistica (sussistente del resto in pieno anche nel campo dell'edilizia), che *regolare* sia *bello*.

mente del tipo a capra, affinché gli appoggi non disturbino l'integrità del pane di terra. Esiste anche un tipo di tutorazione costituito da due montanti verticali e da una traversa orizzontale di corda, o in certi casi di materiale elastico, alla quale si fissa il fusto: a mio vedere però quest'ultimo tipo di sostegno presenta alcuni punti delicati, perché, non essendo rigide le articolazioni tra montanti e traversa, non resiste bene né alle spinte laterali sul piano del telaio, né a quelle ad esso ortogonali. Al contrario, la tutorazione a tre filagne di castagno determina un sistema statico semplice che inibisce tutte le possibilità di movimento dell'albero nello spazio. Le superfici di contatto tra fusto e pali tutori devono essere ridotte al minimo, tenendo separata l'incavallatura delle filagne tra loro da quella con l'albero.[16] Basta scegliere il punto di fissaggio tra i tre pali appena poco sotto quello di fissaggio di questi alla pianta, e lasciare uno dei tre pali più lungo degli altri due. Tale sporgenza, lunga in media trenta-quaranta centimetri, è quella che servirà per il collegamento al tronco. Questo è un sistema che torna molto utile per le piante, come il cipresso, che hanno la chioma fastigiata. Nel fissare la pianta al tutore si faccia attenzione a tenere separati i legni per mezzo di un materiale tenero e cedevole (non però paglia, che durante l'inverno ospita larve di insetti e parassiti dannosi). Si confermi definitivamente la legatura solo dopo almeno dieci giorni, perché in quel periodo si verifica la parte maggiore del calo in basso, e se la pianta fosse già legata stretta, potrebbe rimanere come 'impiccata' all'incavallatura dei tutori, con gravi danni per la corteccia. Per il legame si usi il tipo di materiale preferito, purché sia facilmente ispezionabile e modificabile, in quanto la tutorazione, dovendo sostenere la pianta per più di un anno, dovrà essere periodicamente allentata al fine di evitare lo strozzamento del fusto.

Alcuni ritengono che tra le operazioni connesse al trapianto vada considerata anche una leggera potatura, per commisurare la superficie fogliare da nutrire alle possibilità nutrizionali temporaneamente ridotte; ciò vale in tutti quei casi nei quali vengono ridotte le radici (Fig. 65), ma in questo, poiché la pianta proviene da vivaio, dove è stata costantemente lavorata e inzollata, tale intervento dovrebbe essere inutile, perché l'eventuale riduzione della chioma è già stata praticata, e tutto l'insieme dell'albero, dalle radici alla chioma, è sviluppato proporzionalmente e posto in commercio – o da noi preparato – per essere posto a dimora così com'è.

---

[16] Il sistema a montanti verticali oggi è più diffuso del primo, proprio perché si ritiene che una determinata e controllata libertà di movimento sia preferibile, per la pianta, ad un'eccessiva coercizione. Tali considerazioni sono del tutto condivisibili, ma la loro concretezza resta subordinata alla reale possibilità di controllare i gradi di libertà, e la loro durata nel tempo. Se dopo un mese, come mi è capitato di riscontrare direttamente, su di un grande numero di tali tutorazioni, il sistema si allenta, la pianta ne può subire grossi danni.

65. Tipo di potatura da effettuare sul fusto prima della posa a dimora (DU BREUIL, 1846).

Posata la pianta la si deve annaffiare: quindi realizzeremo un'adeguata conca costruendo tutt'intorno al fusto, per un raggio variabile in proporzione alla pianta, un arginello di terra alto non meno di venti centimetri; poi provvederemo ad annaffiare, e questa è forse una delle uniche occasioni nella quale si può eccedere con l'acqua, senza timore di creare danni. L'acqua ora necessita sia per il nutrimento – ce ne vuole tanta per indurre una sollecita ripresa – sia per il sostegno, perché imparenta tra loro e consolida rapidamente radici e terra. Mentre in genere torna utile l'annaffiatoio con terminale a cipolla come quello che funziona nel modo più simile all'effetto della pioggia, in questo caso può andar benissimo il semplice tubo di plastica, che viene poggiato all'interno della conca e si lascia con un filo d'acqua per diverse ore, fino a che tutta la terra all'interno non sia perfettamente imbibita. Nei primi giorni quest'operazione dovrà essere eseguita spesso, poi si rallenterà, fino ad essere sospesa durante i freddi, per riprendere con la bella stagione e continuare fino al completo attecchimento dell'albero.[17]

Negli anni a seguire sarà necessario concimare a più riprese la pianta: per il primo o il secondo anno va bene un concime liquido sul tipo del pozzonero o di altra composizione di acqua mista a letame; successivamente questo tipo di concimazione non è più efficace, perché le radici cominciano a svilupparsi e a estendersi: allora si dovranno praticare dei fori di due-tre centimetri di diametro tutto in giro al limite della zolla, e introdurvi dentro il concime, che in tal modo sarà assimilato più facilmente, stimolando anche la crescita delle radici.

[17] Nell'anno 1999 gli oltre 1200 alberi piantati per la realizzazione dei parchi archeologici della villa dei Sette Bassi e dell'area Archeologica dell'antica città di Gabii, a Roma, vennero abbondantemente irrigati per oltre tre anni con annaffiature, che nel periodo caldo avevano una cadenza settimanale. In considerazione della sostanziale aridità dei terreni archeologici, molto ricchi di calcare, le buche per gli alberi erano state sovradimensionate e ricaricate con terreno vegetale concimato con letame stallatico equino.

Quanto abbiamo descritto finora è riferito alle piante sempreverdi; ma poiché oggi, come detto, anche le piante decidue si commerciano con la zolla, o ancor più frequentemente in contenitore, tali norme valgono anche per queste ultime. Nel caso in cui le spoglianti fossero disponibili come tradizionalmente si faceva, fino a qualche tempo fa, a radici nude, le pratiche di piantumazione mutano in parte, perché esistono alcuni aspetti che distinguono la posa a dimora delle piante decidue da quella delle sempreverdi. La prima differenza riguarda proprio le radici, che, prima di porre a dimora la pianta, si dovranno esaminare accuratamente per eliminare quelle ammaccate o morte; e se ad operazione ultimata l'originario equilibrio tra palco e radici risulterà alterato, si dovrà ridurre anche il palco, per riproporzionare l'insieme. Piantando in novembre, l'ambiente dovrebbe essere favorevole alle radici; ma non sarà inopportuno cautelarsi ulteriormente, tuffando la parte inferiore della pianta in una poltiglia di acqua e argilla e letame fresco, che costituirà una sorta di intonaco protettivo utilissimo, sul tipo del *pralinage* dei francesi.

La tutorazione delle spoglianti sarà di tipo diverso da quello delle sempreverdi, perché, a meno di non dover sostenere pesi esuberanti, potrà esser costituita di un sol palo, infisso nella buca ancora prima della posa della pianta. Poi riempiremo per metà la buca con la sua stessa terra, e quando metteremo l'albero, lo collocheremo accanto al tutore distendendo le radici senza spezzarle e poggiandole su di un cumuletto di terra aggiunto all'ultimo momento per evitare che vengano forzate; attenzione alla quota del colletto, che dovrà essere appena sopra il livello del terreno, o, se questo è molto soffice, al massimo alla medesima quota. Non sotterriamo troppo le radici, per non sottrarle al benefico influsso dell'aria. Fissata provvisoriamente la pianta al tutore, la fossa si riempie con terra sminuzzata e si compatta con i piedi. Se la eccessiva magrezza del terreno rende necessario aiutare la pianta con del letame, questo si deve spandere prima che sia terminata l'opera di riempimento, e posto più lontano possibile dalle radici, sia per impedire che l'eccessiva vicinanza possa danneggiare le radici bruciandole, sia per stimolare la crescita delle medesime.

A prescindere dalla stagione della piantagione, il terreno interno alla conca va pacciamato con letame paglioso, che andrà rinnovato due volte l'anno alla fine dell'inverno e alla fine d'estate. Subito dopo, specie se la temperatura è elevata e il terreno completamente secco, si fa un'abbondante annaffiatura. Le irrigazioni, nei primi anni, ma soprattutto nella prima estate, saranno eseguite ogni dieci giorni e sempre abbondantissime; si ricordi che è meglio non annaffiare che annaffiare in modo insufficiente. Un altro accorgimento protettivo, specialmente durante la stagione calda, è quello di limitare la traspirazione radiale del tronco coprendolo con adeguati rivestimenti di juta o materiali naturali simili (Fig. 66).

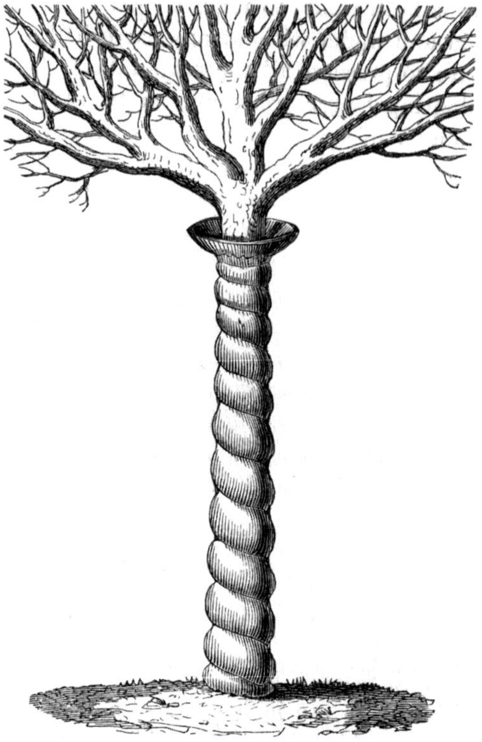

66. Rivestimento protettivo di un tronco di grande dimensioni per limitare i danni della traspirazione eccessiva dovuta all'azione del vento e del sole durante la fase di attecchimento (ROBINSON, 1869).

Alcune specifiche per le conifere, che anche questa volta eccedono in parte la regola generale: il periodo di piantumazione va da settembre fino a novembre, oppure a marzo. Poiché tali piante si mettono in terra già molto sviluppate, e alcune delle specie più diffuse, specie in Italia, come il *Pinus pinea*, allungano orizzontalmente le radici per molti metri, si dovranno prevedere delle buche di dimensioni maggiori della media. Si pianteranno a buca quasi completamente riempita, facendo attorno al fusto una sorta di monticello: in tal modo i rami inferiori, sempre lunghi per l'andamento piramidale tipico della specie, saranno più difesi. Punto fondamentale è la fognatura, che andrà eseguita comunque, perché il maggior nemico delle conifere è il ristagno d'acqua.

Quando si tratta di trapiantare alberi che abbiamo definito 'esemplari', alti dieci, dodici metri, quale ne sia la provenienza, non si potrà contare su una sicurezza di attecchimento pari a quella delle piante di taglia ordinaria, perché, a meno di qualche caso del tutto eccezionale, di vecchi vivai che abbiano continuato a lavorare la pianta, ben oltre il periodo di tempo ordinario,[18] si dovrà eseguire una lavorazione che, non essendo preceduta da re-

[18] È il caso dei cipressi alti oltre 12 metri che, dopo accurate verifiche archeologiche, furono piantati nel 1990 al Palatino, al fine di schermare la mole moderna dell'*Antiquarium* verso il Circo Massimo e ricucire, almeno parzialmente, la lacerazione procurata da quella mole all'integrità dell'immagine del colle godibile dall'opposto Aventino, tenuto anche conto che, sulla stessa linea prospettica, vi è un altro filare di cipressi antichi, appartenenti probabilmente al giardino della vecchia villa Mills. Questi cipressi furono reperiti dopo lunghe ricerche in un grande vivaio romano che aveva cessato l'attività da qualche anno, e conservava ancora nei quadri molte piante, a suo tempo regolarmente lavorate, fino alla cessazione dell'attività. Tali erano i cipressi dei quali si tratta, che quindi, ai fini di un trapianto, presentavano una percentuale di rischio abbastanza contenuta. Sono quelli che ancora oggi si vedono, ed avendo durante gli anni trascorsi raggiunto la sommità *dell'Antiquarium*, assolvono ormai compiutamente il loro compito.

golari azzollature, sarà traumatica per la pianta: anzi, se il terreno non è più che compatto, sarà meglio rinunciare, perché in questi casi la robustezza della zolla diviene una condizione indispensabile per la riuscita del trapianto.

Ecco come si procede per tale straordinaria operazione di trapianto:[19] per prima cosa si deve tutorare la pianta con una 'capra' come quelle già descritte, ma molto più grande e adeguatamente robusta per resistere alle tonnellate di peso che potrebbero spingere in caso di vento o altro. In tal senso non bisogna commettere l'errore di usare quattro anziché tre pali tutori, perché il quarto aggiunto provocherebbe delle coazioni riducendo, anziché aumentando, l'efficacia del sistema di sostegno. Si proporzionino piuttosto le sezioni resistenti dei pali tutori. Una volta tutorato l'albero si traccia un cerchio che abbia come centro quello ideale del tronco e un raggio più ampio che sia possibile (ma mai superiore al metro e mezzo, perché oltre sarebbe molto difficile poi movimentare la pianta) lo si divide in due semicerchi, che individuano due corrispondenti fasi annuali d'intervento. Nella stagione più opportuna, secondo le norme già descritte, si effettua una potatura piuttosto robusta sulla metà della chioma corrispondente alla metà del cerchio programmato per il primo intervento,[20] quindi intorno a questo si comincia a scavare una trincea. Questa trincea dovrà essere leggermente inclinata verso l'esterno (con andamento 'a vaso') e molto profonda, con le stesse limitazioni della misura del raggio. Durante lo scavo si dovranno tagliare con la massima accuratezza tutte le radici incontrate, proteggendole sempre con adeguati antisettici. Per questi tagli valgono le considerazioni già espresse nel capitolo delle potature. La larghezza della trincea sarà tutta a crescere verso l'esterno, e tale che un uomo vi possa entrare e lavorare per le operazioni successive (circa sessanta centimetri) perché, giunto sul fondo, il giardiniere deve proseguire orizzontalmente per quanto può il taglio delle radici inoltrandosi (circa venti centimetri) in direzione del fittone. Eseguite queste operazioni la trincea si riempie di nuovo e l'albero si lascia vegetare per un anno, aiutandolo con concimazioni fogliari e ormoni radicanti e annaffiando abbondantemente. Allo scadere del periodo

---

[19] Ancora a questo proposito, cfr. s.a., *Come avviene il cambiamento di domicilio degli alberi*, in «Capitolium», XIV (1939), pp. 338-342. Molti dei pini (*Pinus pinea*) posti a dimora nell'area dell'E42 a Roma, prima del 1942, provenivano da ville del Lazio. Cfr. M. DE VICO FALLANI, *Parchi e Giardini dell'EUR – Genesi e sviluppo delle aree verdi dell'E42*, Roma, Nuova Editrice Spada, 1988, pp. 69-70.

[20] Questo accorgimento è funzionale al ridotto apporto di nutrimento causato dal taglio delle radici: cfr. FOGG, 1969, pp. 214-215: «Le radici dipendono completamente dal germoglio per i carboidrati necessari per la crescita e probabilmente per le vitamine o anche per altre sostanze necessarie per la crescita. [...] potando i germogli di una pianta, ad esempio, si arresta immediatamente la crescita radicale».

prefissato si riaprirà la trincea per ispezionare lo stato della superficie interna, e, se le cose sono andate per il verso giusto, si vedrà che, al posto delle radici originali resecate, sulla superficie della zolla si sono sviluppate numerosissime piccole radichette, la cui capacità d'assorbimento, nel complesso, corrisponde a quella preesistente. Se quindi tutto è a posto, si può procedere ad eseguire la medesima operazione sulla seconda metà del cerchio, e come nel primo caso, al termine del periodo prefissato, la trincea si ispezionerà per verificare la ripresa radicale. Al termine di questo complesso di operazioni si è praticamente formata una vera e propria zolla di grandi dimensioni, che configura una situazione molto simile a quella delle piante preparate in vivaio, a meno di una sola fondamentale, differenza: il sussistere del fittone, la cui permanenza è incompatibile con il trasporto dell'albero. Questo aspetto, come vedremo, è quello più critico tra tutte le fasi dell'intervento. Se si potrà far trascorrere ancora uno o due anni prima del trapianto, sarà di tutto guadagno per l'albero, ma se bisogna intervenire subito e la stagione per il trasporto ci spinge a tempi brevi, ci si deve preparare senz'altro alle operazioni finali dell'espianto.

Per prima cosa bisognerà incassettare la zolla: la cassetta si farà fuori opera per mezzo di doghette di castagno leggermente trapezoidali, poste l'una vicina all'altra in terra e legate tra loro con due o tre ordini di ricorsi in filo di ferro zincato fissato alle doghe per mezzo di cambrette, che si avrà cura di lasciar sporgere alle estremità per il successivo serraggio della cassa (Fig. 67).

67. Modo di incassettare una pianta di grandi dimensioni ai fini del trasporto per il trapianto in una nuova dimora (André, 1879).

Fatto questo si riapriranno entrambe le trincee e si farà aderire la cassa tutto in giro intorno alla zolla (si controlli prima l'efficacia della tutorazione, ora specialmente importante). Poiché dalla solidità dell'insieme di zolla e cassa dipende molto della riuscita finale, le doghe si dovranno serrare con la massima attenzione: i capi del filo di ferro verranno allacciati senza stringere, anzi lasciando un leggero lasco di alcuni centimetri. Poi, aiutandosi con una asta di ferro a sezione rettangolare, piatta e larga, si caricheranno tutti i vuoti tra zolla e cassa con terra sostanziosa, e si intaseranno a fondo aiutandosi con un'asta. È un'operazione che richiede pazienza, e la sua importanza non va sottovalutata. Al suo termine i cavetti dell'incassettatura saranno in tensione, e l'albero è pronto per essere sollevato. Oggi esistono mezzi semoventi e gru in grado di sollevare pesi anche superiori a quello di un albero colossale; tuttavia bisognerà valutare con prudenza l'opportunità di impiegarli in questo caso, perché il vero problema non consiste tanto nel peso in sé, quanto nei movimenti e nelle rotazioni incontrollate che può subire l'albero sospeso durante il trasporto. Particolarmente pericolosa, per la pianta, la rotazione della zolla rispetto al fusto (si parla di tonnellate di peso), rotazione che, inducendo pur minimi traumi di lacerazione tra radici e colletto, potrebbe causare danni irreparabili. È indispensabile che tronco e zolla siano perfettamente solidali durante tutta l'operazione, e se ci sono dubbi su questo punto, non si deve assolutamente rischiare di sollevare la pianta. Altro e più tradizionale metodo per estrarre e trasportare le piante è quello che fa ricorso ad una vecchia macchina in legno, impropriamente denominata *lizza*, che in passato si utilizzava per tale tipo di lavori eccezionali. Si tratta di un telaio in legno costituito da pali sgrossati alto per lo più quanto la metà dell'intera pianta, che, fatto scivolare nella buca lungo un piano inclinato appositamente predisposto, si serra alla zolla bloccandolo per mezzo di una catena e facendolo calzare per almeno trenta centimetri. Questo telaio ha come un grosso timone solidale al resto della macchina, al quale vengono fissati tanto la zolla quanto il fusto, serrato anche per mezzo di opportuni cavalletti distanziatori adeguatamente messi in pressione. Quando l'insieme di lizza e albero sono strettamente legati – con le precauzioni opportune per la difesa della corteccia da possibili abrasioni – non ci sarà alcun pericolo di disarticolazioni, perché le parti della pianta godranno della stessa solidità della lizza. Avvicinato l'autocarro alla buca, si inizia ad inclinare la pianta per caricarla sul pianale (Fig. 68). È il momento più delicato di tutta l'operazione: infatti ricorderete che la formazione della zolla aveva lasciato integro il fittone, che a questo punto, prima che si laceri, deve essere tagliato. Il taglio da praticare sottrarrà temporaneamente alla pianta un apporto di nutrimento non indifferente, ma se le lavorazioni precedenti sono state eseguite a regola d'arte, la vita dell'albero è garantita dalla restante superficie tronco-conica già radicata, senza

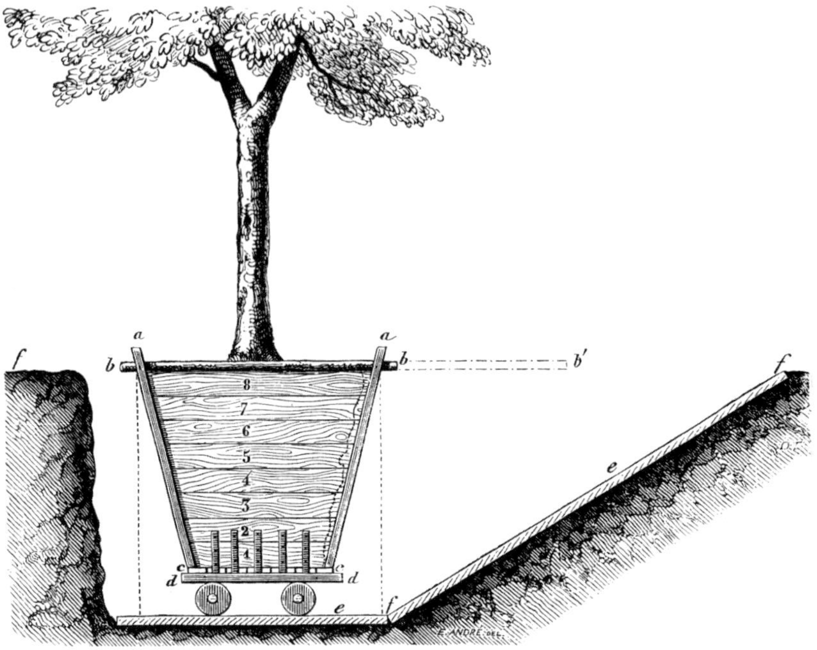

68. Modo di predisporre un albero di grandi dimensioni già incassettato per il carico sul mezzo di trasporto (ANDRÉ, 1879).

69. Trasporto mediante 'lizza' di un grande esemplare di *Phœnix canariensis* avvenuto a Roma agli inizi del XX secolo nel giardino di Termini.

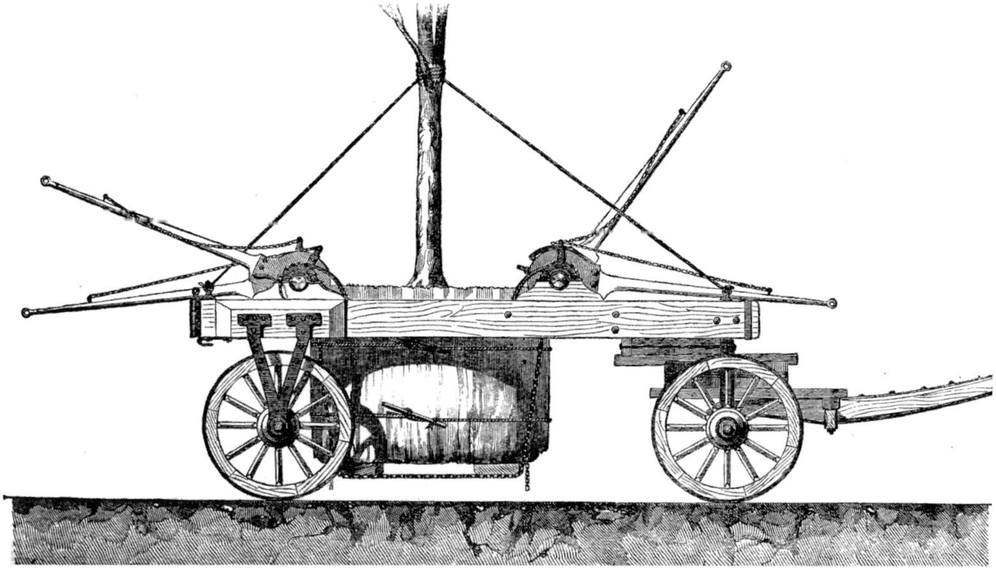

70. Carro trapiantatoio visto da un fianco (ROBINSON, 1869).

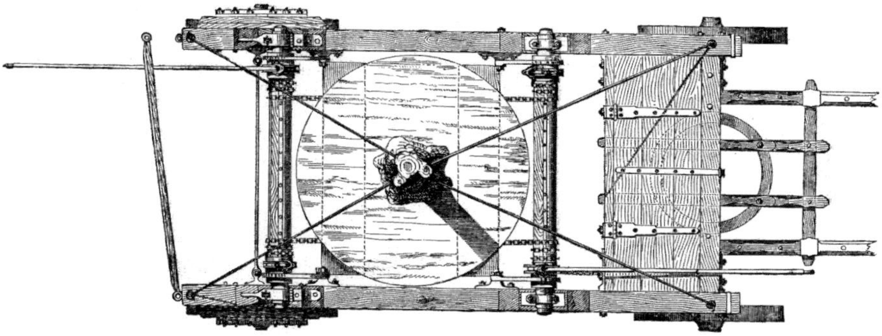

71. Carro trapiantatoio visto dall'alto (ROBINSON, 1869).

contare che, con tempi variabili, il fenomeno della riproduzione radicale avverrà anche nel piano inferiore della zolla. Il tronco, per mezzo di corde applicate alla lizza, si inclinerà quel tanto che basta al giardiniere per poter raggiungere il fittone ed eseguire la resezione sotto la zolla, ivi comprese le solite precauzioni disinfettanti e protettive. Quando la pianta sarà svincolata, la si coricherà lentamente sul pianale dell'autocarro per mezzo di rulli. Lo stesso sistema, applicato con procedimento inverso, servirà per posare a dimora l'albero nel luogo di dimora definitiva. Per la posa a dimora ci si regoli come nei casi precedentemente illustrati, ricordando in più, ad opera compiuta, di abbondare anche per due o tre anni con le innaffiature, con le concimazioni ormonali e le concimazioni fogliari, e di proteggere chioma e fusto con stuoie di juta dal rischio di eccessiva essiccazione dovuta al caldo o al vento (Figg. 69, 70, 71).

COLTURA IN VASO

Un giardino, e un giardino antico in particolare, è sempre ricco di piante in vaso, per diversi motivi: innanzitutto si coltivano in vaso le piante destinate ad essere trapiantate, poi si pongono in vaso piante destinate a decorare parti del parco o della villa, come parterres, terrazzi o portici, dove sarebbe impossibile coltivare piante in piena terra. Infine, ed è un caso frequente, si coltivano in vaso piante che a causa della loro delicatezza, o per essere originarie di paesi a climi più caldi (esotiche) debbono essere protette riparandole in uno stanzone o in serra durante l'inverno.

I principi generali preposti alle coltivazioni discussi fin qui a proposito delle piante in piena terra sono gli stessi che valgono in questo caso, salvo le ulteriori specifiche che distinguono questo dal resto degli altri tipi di coltivazione.

La prima osservazione riguarda per l'appunto il vaso, e in particolare il materiale che lo costituisce, che è e dev'essere obbligatoriamente la terracotta. Ma attenzione, perché non tutte le terrecotte sono uguali, e bisogna saper scegliere quelle che offrono la migliore resistenza, per la qualità dell'argilla, ma anche dal suo grado di cottura. Se non è ben cotto il vaso non resiste alle avversità climatiche, e ben presto si scaglia sfarinandosi; al contrario, se troppo cotto, tende a vetrificare, divenendo fragile e, quel che è peggio, impermeabile.

Analizzare quindi bene il vaso prima di acquistarlo: un sistema antico consiste nel sollevare il vaso da terra e dargli un leggero colpetto vicino alla bocca. Se il suono sarà cristallino, il vaso è stato cotto al punto giusto.

Di solito la dimensione dei vasi, che si esprime con il diametro della bocca, varia dai sette ai novanta centimetri. Vasi più grandi se ne trovano difficilmente, perché durante la cottura la sperequazione fra le dilatazioni che si verificano nei diversi punti induce tensioni tali da causare la rottura del vaso. Oltre a ciò, non dimentichiamo la difficoltà oggettiva di manovrare simili colossi, con tutta la pianta e la terra che li riempie.

La forma del vaso è quella tronco-conica. In questo campo non si deve cedere a gusti che portino a scelta di forme diverse, perché l'estetica del giardino consiste in ben altro, mentre qui prevale su tutto la funzionalità.[1] Nessun errore, a questo proposito, è più rappresentativo di quello degli orci riempiti di terra: non solo può accadere che per il gelo l'orcio venga lesionato dall'aumento di volume dell'acqua contenuta nella terra, ma è quasi impossibile travasare la pianta senza spanarla ogni volta.

Il rapporto tra altezza e bocca è generalmente di due terzi; un rapporto di quattro settimi tra base e bocca del vaso è adatto per quasi tutte le colture, ma spesso sono necessarie dimensioni speciali: ad esempio gli agrumi richiedono contenitori molto più svasati, chiamati in Toscana *conche*; le camelie e le palme, al contrario, preferiscono un aumento del diametro della base, per cui in tal caso la forma del vaso è più vicina a quella di un cilindro che a quella tronco-conica. Lo spessore delle pareti è proporzionale alle dimensioni del vaso. I vasi più piccoli, solidi e maneggevoli, possono essere perfettamente lisci; ma aumentando di grandezza, e come minimo a partire dai quaranta centimetri di bocca, è necessario che presentino uno o più orli, sia per poterli maneggiare, sia per aumentarne la robustezza. L'orlo più importante sarà intorno alla bocca, poi se ne trovano altri (uno o due) a metà dell'altezza. A causa dell'esposizione ai pericoli di fratture, spesso non è possibile riparare i vasi antichi, anche ricorrendo alle tecniche tradizionali con le cuciture a filo di ferro, delle quali erano tanto esperti i nostri vecchi giardinieri; quello pertanto del reperimento di vasi per le sostituzioni è un problema ordinario. Oggi sono sempre più numerose le ditte che si indirizzano verso la produzione di vasi di qualità secondo tecniche e modelli originali, soprattutto in Lombardia, Veneto, Toscana, Umbria e Lazio. Sulla base delle forme antiche e dei sistemi tradizionali, queste fabbriche eseguono a mano vasi soddisfacenti tanto dal punto di vista della funzionalità che della rispondenza tipologica all'ambiente storico al quale sono destinati, soprattutto se si tratta di vasi lisci privi di decorazioni. Invece, nel caso di vasi festonati, il reperimento di un prodotto di qualità al giusto prezzo è più difficile, perché, non essendo facile trovare artigiani in grado di eseguire a mano quelle piccole opere d'arte (i festoni, appunto) che hanno così un costo elevato, spesso le ditte produttrici preferiscono ricorrere all'uso di calchi di seconda, se non di terza mano, che penalizzano la qualità dell'opera. Per questo motivo, a meno che non sia strettamente necessario, o che si possa disporre di tempo e denaro per rifornirsi di vasi festonati interamente fatti a mano – che tuttavia esistono – consiglio piuttosto di ripiegare sulla scelta di semplici vasi lisci orlati.

---

[1] E tuttavia sono poi moltissimi i casi nei quali funzione e bellezza coincidono.

72. Cassa smontabile a doghe per grandi piante nel Giardino di Versailles. Questo tipo di cassa può essere aperta anche soltanto su uno dei lati e permette un più immediato controllo dello stato delle radici.

Esiste anche un tipo di vaso cernierato in legno, con quattro zampette che lo tengono leggermente sollevato da terra (Fig. 72). Fino all'inizio del secolo scorso questo tipo di contenitore era la soluzione al problema di travasare piante di grossa mole;[2] vasi simili sono molto diffusi nei giardini francesi e tedeschi, e ad esempio ancora oggi tutte le piante da aranciera del parco di Versailles, comprese le palme, le eugenie, i tassi ecc., sono allevate in questi contenitori, alcuni dei quali grandi anche fino ad un metro e trenta centimetri di larghezza. Nei dintorni di Versailles diversi artigiani sono specializzati nella costruzione di questi vasi secondo il modello originale antico. Sono costituiti da una struttura in ferro e da pannelli in doghe di legno; i giardinieri di Versailles ritengono comunque preferibile ed esteticamente più piacevole la struttura fusa in ghisa (Figg. 73, 74). Oggi in Italia l'uso di questi vasi è quasi completamente scomparso per la diffusione di mezzi idraulici meccanizzati adatti a sollevare le piante, evoluzione tecnologica di antichi modelli in legno manovrati dall'uomo, uno dei quali era il cosiddetto *mazzacavallo*, del quale ancora oggi esiste un esemplare antico nel giardino della villa medicea di Castello a Firenze.

Il buon giardiniere deve provvedersi in tempo di una scorta di vasi ben superiore a quella strettamente necessaria, perché questo tipo di coltivazione è caratterizzata dal continuo rinvaso, cioè del passaggio da un contenitore ad un altro maggiore, che segue progressivamente e costantemente tutta la vita della pianta (cfr. *supra* la curva di crescita di un organismo vegetale). Rispetto alle dimensioni della pianta i vasi dovranno essere piuttosto piccoli che grandi, e durante i rinvasi non si dovrà dimenticare questa norma fondamentale, così descritta nel manuale di Moretti-Chiolini:

> ...E finalmente debbo avvertire essere una falsa opinione quella di credere che la grandezza de' vasi possa contribuire alla più pronta vegetazione ed al buon essere delle piante: all'opposto io penso, e l'esperienza me lo conferma, che le spezie delicate vogliono assolutamente essere riservate in vasi piccoli, proporzionati peraltro alla estensione delle loro radici. I raggi solari ed il calore e l'umidità naturale ed artificiale che le piante ricevono dall'atmosfera o dal concime, quando vi sono intanate, agiscono più direttamente sulle loro radici, se queste sono prossime alle pareti del vaso.[3]

---

[2] RE, 1864^5, pp. 10-11: «Per le piante degli agrumi, degli alberi e arbusti forestieri, e per certe crasse che giganteggiano soverchiamente, consiglierò gli amatori, subito che possono, a provvedersi di vasi in legno a cerniera. Questa sorta di vasi sarà certamente utile per le trapiantagioni, le quali, per quante diligenze si adoprino, ne' vasi ordinari di terra non si possono eseguire a dovere senza far sì che le piante ne soffrano molto. La figura sarà a piramide, quadrangolare, troncata, con l'apertura più larga del fondo. Il castagno, il cipresso, l'abete, poi il rovere sono i legni da preferirsi. L'esterna loro superficie si coprirà di vernice ad olio, mentre l'interna sarà intonacata di catrame. Bisogna però servirsi di legno ben stagionato, e di abili falegnami».

[3] MORETTI – CHIOLINI, 1840^2, pp. 42-46.

73. Struttura e funzionamento della cassa a doghe di cui alla fig. 72.

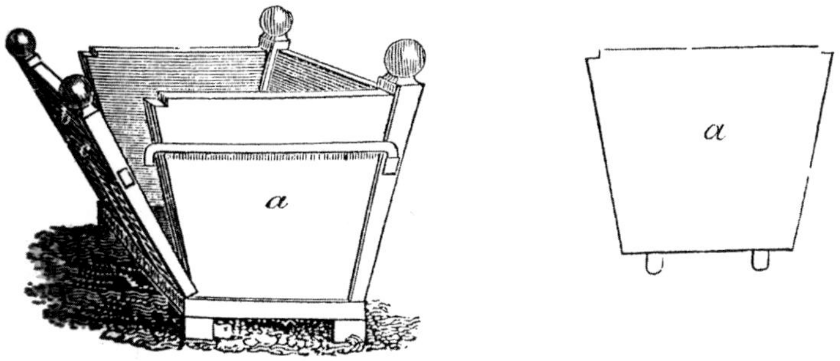

74. Cassa smontabile modello Mc Intosh, a pannelli pieni e di aspetto svasato, più adatta alla coltivazione degli agrumi (Loudon, 1834).

Anche se si tratta di vasi nuovi, prima di usarli è sempre opportuno nettarli. Si lavino con accuratezza e si tengano per qualche giorno immersi in acqua, affinché non si presentino troppo secchi al momento di usarli. Al fine poi di prevenire la formazione del muschio e in genere delle velature crittogamiche che tanto fastidiosamente si sviluppano sulle pareti esterne del vaso, il Pucci consiglia di immergerli in una soluzione così composta:

Acqua	lt. 200
Ammoniaca	lt. 1,5
Carbonato di Rame	gr. 155[4]

ripetendo l'operazione ogni anno.

Quando invece si utilizzano vasi vecchi, già soffocati dal muschio, l'unico sistema è di ripulirli uno per uno usando un semplice bruschino e acqua tiepida, dopo averli fatti riposare qualche giorno in acqua.

---

4 Pucci, 1983[12], pp. 68-72.

L'ultima operazione, prima dell'interro del vaso, è la fognatura. Serve a regolare l'uscita dell'acqua in modo che non sia tanto veloce da non dare alle radici il tempo di nutrirsi, ma neanche così lenta da ingenerare il rischio di ristagni.

La fognatura si fa benissimo con i frammenti dei vecchi vasi rotti, ma attenzione a pulire e a disinfettare anche questi con gli stessi metodi sopradescritti. I cocci vanno disposti sul fondo con un criterio analogo a quello delle tegole, perché oltre a regolare il deflusso dell'acqua devono impedire che insieme al liquido venga via anche il terriccio del vaso. A tale scopo i vecchi giardinieri ricorrevano ad un sistema molto efficace, che consisteva nello stendere sopra alla fogna appena costruita uno strato più o meno spesso di materiale vegetale, il migliore del quale, per la sua capacità di resistere alla marcescenza, è l'erica; possono andare bene anche zéccoli di castagno o trucioli di legno, che però si disfanno più velocemente, e perciò vanno usati solo per vasi destinati ad accogliere piante che vi rimarranno poco tempo.

L'operazione più frequente è quella, cui si è già accennato, del rinvaso. I rinvasi non hanno tutti il medesimo scadenzario. Di solito, per le piante perenni, vengono eseguiti annualmente, ma per certi tipi di piante, come nel caso degli agrumi, si fanno ogni due o più anni. In questo caso, negli altri anni, si deve comunque aiutare la pianta rompendo la crosta superficiale con una spatola, o addirittura togliere il terreno per uno spessore di due o tre centimetri sostituendolo con terriccio nuovo misto a letame ben stagionato e ricoprendo tutto con una buona pacciamatura.

Anche in questo caso le norme hanno valore di regola generale, perché comunque è necessario rinvasare ogni volta che le radici 'girano' il vaso, quando, arrivate a ridosso delle pareti, cominciano a strisciare in aderenza alle stesse formando una fitta rete biancastra inconfondibile.

Il nuovo vaso dovrà essere più ampio del vecchio da un minimo di mezzo ad un massimo di due o tre centimetri, e non di più. Sopra la fognatura si dispone uno strato di terriccio e lo si comprime con cura perché funga da base di appoggio della pianta; poi si estrae la pianta dal vecchio vaso, stando bene attenti a non forzare sul fusto e a non spanare la radice. Se questa non è molto grande, basta poggiare una mano sulla bocca inserendo il fusto tra anulare e medio, quindi rovesciare la pianta e favorire il distacco con dei colpetti dati sulle pareti del vaso per mezzo di un legnetto, e a questo punto il pane uscirà facilmente ben compatto. Se si incontrassero delle difficoltà, provare a facilitare il distacco del pane inserendo lungo le pareti interne una lamina per tutto un giro completo; ma se anche così non riusciremo, converrà piuttosto rompere il vaso che insistere con il rischio di rovinare il pane della pianta; prima però diamo un'occhiata alla parte inferiore del vaso, perché, soprattutto se, come di solito, il vaso è appoggiato in terra, capita che le radici oltrepassino la fognatura e fuoriescano dal foro di fondo sviluppandosi nel terreno. In tal caso si dovrà tagliare la radice estroflessa. Quando alcuni elementi della vecchia fognatura rimangono attaccati all'apparato radicale, bisogna toglierli con cura; quindi, dopo aver verificato l'assenza di insetti o di funghi, che andrebbero immediatamente eliminati, si arieggia il pane smuovendo la terra su tutta la sua superficie con uno stecco, o addirittura, se necessario, si possono tagliare perifericamente le radichette per ridurre tutto il pane ad una dimensione più contenuta. Ricordiamoci però di usare un coltellino molto tagliente, per evitare strappi e ferite lacere (Fig. 75).

75. Modo di svasare una pianta (RODA, 1915[6]).

Queste medesime operazioni valgono anche per le piante grandi, ma in tal caso ci si richiama a quanto detto circa l'uso di vasi cernierati in legno o di macchinari per il sollevamento, ricordando di far molta attenzione, in questi casi, a difendere la corteccia, interponendo alla corda uno straccio rivoltato più volte, e verificando che il tragitto della corda, una volta in tensione, non provochi danni alla ramificazione o alla corteccia stessa.[5]

---

5 La conoscenza viene acquisita, purtroppo, anche attraverso un'esperienza negativa. Nel 1991, durante il trapianto di un grande olivo dal vivaio degli Orti Farnesiani fino ad un prestabilito luogo di

La pianta si poserà sullo strato di terriccio nel nuovo vaso ben diritta, e in modo tale che la parte superiore del pane si trovi a quattro o cinque centimetri dall'orlo; poi si intaseranno i vuoti tra i fianchi e le pareti interne, aiutandosi anche con uno stecco, e quindi si saturerà la superficie orizzontale portando il pane a due centimetri dall'orlo. Il terriccio non dev'essere troppo asciutto né troppo bagnato, perché in tal caso si lavorerebbe male, specie se il terreno stesso fosse di natura argillosa (Fig. 76).

Per almeno una settimana, prima di ricominciare a governare la pianta come al solito, si dovrà tenere in un luogo ombroso e aiutarla con irrorazioni fogliari. Il rinvaso potrebbe farsi in qualsiasi periodo dell'anno, ma il più adatto è senz'altro quello compreso tra aprile e settembre.

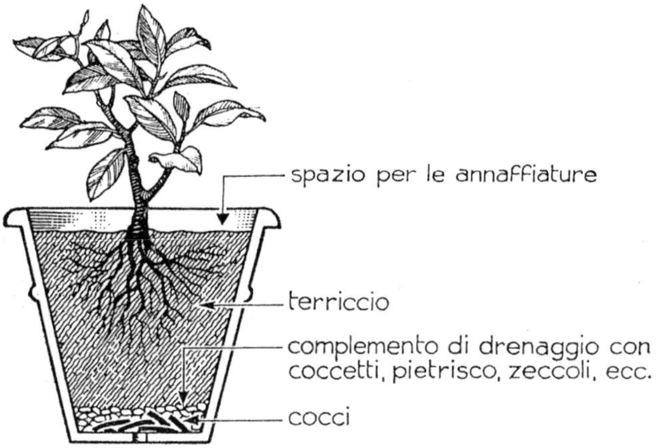

76. Sezione schematica di un vaso e modo di predisporlo ad ospitare una pianta (VANNICOLA, 1961).

posa a dimora definitiva sul versante ovest del Palatino, nel parco archeologico centrale, accadde che la corda stretta attorno al fusto, non adeguatamente rivestita, lacerò la corteccia e mostrò l'alburno con lo stato di intensa produzione di linfa già in piena attività, nonostante si fosse ancora in febbraio.

AGRUMI E ARANCIERE

A partire dal Quattro-Cinquecento, con la diffusione della coltivazione degli agrumi, la necessità di riparare dal freddo tali specie di piante, che erano divenute elemento caratteristico del giardino rinascimentale, ma che al di fuori delle regioni meridionali o eccezionalmente favorite da speciali condizioni climatiche non resistevano ai geli, portò alla diffusione di determinate strutture protettive, che dai primi tipi smontabili per la difesa dei boschetti e delle spalliere in piena terra, si trasformarono in impianti stabili in muratura per il ricovero delle piante in vaso. Abbiamo visto nei capitoli precedenti, che, soprattutto dal tempo della grande invasione di piante straniere nella seconda metà dell'Ottocento, alle piante da piena terra nostrane o acclimatate nelle nostre regioni si aggiunse una grande varietà di specie, che durante l'inverno, non reggendo i nostri freddi, dovevano in qualche modo essere protette.

Nel grande numero delle piante cosiddette esotiche si annoveravano varietà bisognose di cure piuttosto differenziate. Questo ha fatto sì che lo studio e lo sviluppo dei manufatti di ricovero, che per ora chiameremo genericamente serre, fosse parimenti differenziato. Si pensi alla serra grande del Giardino della Società Toscana di Orticoltura a Firenze (Fig. 77), paragonato agli stanzoni degli agrumi e alle tante serre specializzate a volte anche solo per un tipo di coltura, come quella detta «degli ananassi» nel giardino di Boboli.

Il trattato di Moretti-Chiolini, in relazione alle esigenze colturali, distingue quattro categorie di piante:

I. Piante che sono naturalmente in riposo nell'inverno, e che crescono in paesi temperati, fra il 35° e 45° grado di latitudine, in siti ove l'acqua non gela. Per queste basterà preservarle dal gelo.

II. Piante che crescono fra gli stessi gradi, ma che sono in continua vegetazione, ovvero che l'hanno più vigorosa nell'inverno, come la più gran parte degli arbusti dell'emisfero meridionale. Esse vogliono essere mantenute in un calore da 2° ai 5° gradi e godere di molta aria e di molta luce.

III. Piante che crescono dal 25° al 35° grado di latitudine in siti bassi, sieno le medesime in continua vegetazione, ovvero riposino. Tutte debbono godere di un calore almeno dalli 5 alli 10 gradi, e le prime inoltre di molta luce.

77. Firenze, Giardino della Società Toscana di Orticoltura, il tepidario grande (arch. G. Roster, seconda metà del XIX secolo).

IV. Piante che crescono nella zona torrida fra i tropici, e quelle altre dei climi più temperati ed anche indigene che si vorrebbero forzare ad una vegetazione straordinaria ed intempestiva. Per queste si vuole un calore almeno dalli 10 alli 15 gradi.[1]

A fronte di queste esigenze vennero messi a punto quattro corrispondenti tipi di serre, e cioè rispettivamente appunto:

1) lo stanzone degli agrumi, detto anche aranciera, o cedrara;
2) il frigidario;
3) il tepidario o serra temperata;
4) il calidario o serra calda.

Le qualità che distinguono queste quattro categorie sono l'esposizione, la presenza di apparecchiature per la produzione del calore e il rapporto dimensionale tra superfici murate e vetrate.

Senza approfondire oltre questa classificazione puramente orientativa, parliamo senz'altro dello stanzone (Figg. 78, 79). Rispetto al tepidario ha meno luminosità e temperatura inferiore. Come detto innanzi, nacque attor-

---

[1] Moretti – Chiolini, 1840^2, pp. 192-193.

78. Firenze, Giardino di Boboli, Stanzone degli agrumi (1983).

79. Firenze, villa Medicea di Castello, interno dello stanzone degli agrumi (1983).

no al XVI secolo soprattutto per la coltura degli agrumi, quando queste piante in vaso, oltre che delizioso frutto per la tavola, e fonte di provento economico, erano l'ornamento più ricercato dei giardini formali, non solo in Italia. Per almeno due secoli, cioè fino all'immissione di nuove specie già accennata, l'aranciera rimase il principale rappresentante di questo tipo di costruzioni, mantenendo facilmente la purezza della sua identità funzionale. Dopo l'Ottocento sopravvisse alla nascita e allo sviluppo delle tante nuove tipologie, e quando, dai primi del Novecento in poi, con il diminuire della passione per il collezionismo orticolo e il parallelo accrescersi dei costi di gestione, molte delle nuove sofisticate serre vennero abbandonate, il vecchio stanzone degli agrumi, persa la sua originale schiettezza funzionale, si adattò ad accogliere i residui tutt'altro che poveri delle piante ormai naturalizzate nella tradizione giardiniera almeno in Toscana, Liguria, Lombardia, Piemonte e Lazio. Accanto agli aranci, ai mandarini, ai limoni, ai cedri, alle tante varietà da collezione degli agrumi comparvero gelsomini delle Azzorre, margherite, cordyline, gerani, ecc. In certi casi la necessità di ampliare le possibilità funzionali dello stanzone comportarono modifiche che ne stravolsero il tipo originale; per soddisfare le piante più bisognose di luce si dovettero ridurre le superfici murarie e sostituire i vecchi finestroni con ampie vetrate (Figg. 80, 81, 82).

80. Firenze, Giardino di Boboli, Stanzone adattato ad ospitare piante diverse (1983).

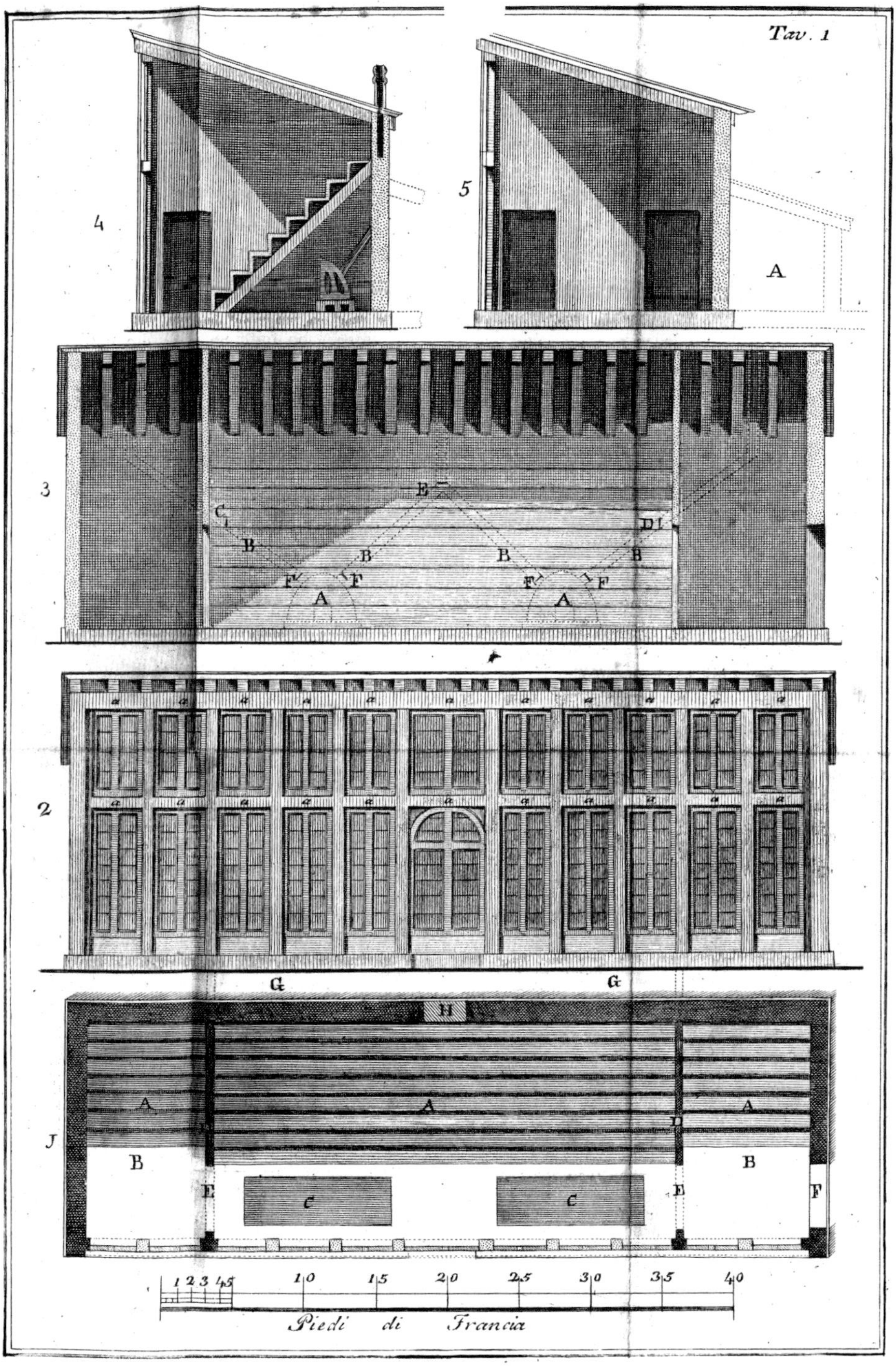

81. Serra vetrata e riscaldata (detta 'stufa') per la coltivazione di piante esotiche (Re, 1864[5]).

82. Altro tipo di serra calda a maggiore superficie vetrata (RODA, 1915[6]).

I giardinieri più esperti del tempo però avevano pareri piuttosto discordanti circa l'efficacia di questo tipo intermedio, che per volere troppo finiva poi con il fallire alcuni degli obbiettivi più importanti. Ecco ad esempio cosa ne pensava Angiolo Pucci:

Modernamente l'antico stanzone si è alquanto modificato. Mentre prima serviva quasi esclusivamente agli agrumi, oggi che la cultura di queste piante è in ciascun giardino assai diminuita, lo stanzone serve ad accogliere le piante di agrumi nella parte posteriore e sul davanti tante altre piante, anche delicate. Così mentre il fabbricato conserva nella massima parte il carattere dello stanzone, la sua facciata è a piccoli pilastri e in ogni rimanente a vetrate. È divenuto in tal modo un locale intermediario fra il tepidario e lo stanzone. Senza dubbio, essendo spesso l'unico locale di un giardino, riesce utile e di grande comodità, ma bisogna confessare che non tutte le piante vi trovano l'ambiente loro adatto. Gli agrumi, per esempio, non risentono vantaggio dall'umidità che necessariamente vi si trova per le frequenti annaffiature necessarie alle altre piante.[2]

In origine, poiché gli agrumi non richiedono molta luce durante il periodo di riposo, lo stanzone poteva accettare anche esposizioni diverse da quella a

[2] PUCCI, 1913[2], p. 88.

mezzogiorno, e la luce dei grandi finestroni era sufficiente. Non v'erano apparecchi di riscaldamento, e l'unico requisito al quale non era possibile rinunciare era il più assoluto isolamento dall'acqua. Poiché gli agrumi patiscono l'umidità piuttosto che il freddo anche inferiore allo zero, a questo insidioso nemico non doveva essere permesso di entrare nello stanzone.

Oggi la coltura degli agrumi è diminuita di molto, ma è bene che i possessori di giardini antichi non cedano alla tentazione di trasformare le loro vecchie aranciere in inopportuni giardini d'inverno, ateliers, o simili, ma piuttosto recuperino la funzione originale di queste utili strutture e rimettano in pristino le vecchie collezioni di agrumi, la coltura delle quali, specie per piccole quantità, li ripagherà delle fatiche necessarie alla loro manutenzione.

Gli agrumi hanno un apparato radicale di forma tale che richiede un tipo particolare di vaso, detto in Toscana 'conca', piuttosto basso e molto più aperto del normale. Questo è tanto più necessario perché, come dicono i giardinieri, gli agrumi amano star stretti, cioè per essi vale più del solito la regola, già espressa, di non farli crescere in vasi troppo grandi. La terra per gli agrumi deve essere costituita per metà di un impasto argilloso e per metà di letame assolutamente macero. In particolare ancora oggi i giardinieri di Firenze, a Boboli e a Castello, preparano un composto costituito da terra rossa (chiamata 'terra giglia'), di terriccio di foglie di leccio, di sangue secco, di lupini tostati e di stallatico equino molto ben macero.

Si deve provvedere una fognatura che si mantenga efficiente a lungo, perché la rinvasatura degli agrumi si esegue soltanto ogni quattro o cinque anni, nel periodo tra giugno e luglio. In certi casi, dopo aver proporzionatamente ridimensionato il pane di terra con un coltellino molto affilato, la pianta si ripone nello stesso vaso. Attenzione a comprimere la terra del rinvaso; non sarà male se vi mescoleremo qualche lupino tostato, che è uno dei concimi più adatti agli agrumi. Al contrario, il letame va usato con prudenza, anche perché, se l'impasto della terra fu a suo tempo ben dosato come detto, non è strettamente necessario.

Tra maggio e giugno, all'epoca delle rinvasature, si devono governare le piante che per quel turno rimangono nel medesimo vaso. Questa operazione consiste nell'asportare lo strato superficiale del terreno per uno spessore di quattro o cinque centimetri, ricaricando poi con terreno nuovo misto a lupini leggermente torrefatti, e ricoprendo il tutto con un consistente strato di letame paglioso. In questo medesimo periodo le piante di agrumi devono essere potate e pulite del seccume, ma non le bagneremo se non è proprio necessario; nel qual caso bisogna fare attenzione ad innaffiare con omogeneità su tutta la superficie della bocca del vaso, perché le piante risentono negativamente di una annaffiatura fatta da un solo lato.

Prima di disporre il letame, se le foglie appaiono un po' clorotiche, si può aggiungere una spolverata superficiale di solfato di ferro.

Passata l'estate si avvicina il periodo di ricoverare i vasi di agrumi; il momento più adatto dipende dalla stagione, perciò sbaglia chi vuole a tutti i costi stabilire un calendario fisso attorno alla metà di ottobre. Il vero segnale è dato dal cessare dell'attività vegetativa, che si riconosce dalla caduta delle foglie degli alberi spoglianti, specialmente di quelli fruttiferi. Non aspettiamo troppo oltre, perché si potrebbe andare incontro a delle gelate precoci quanto mai dannose.

Poiché, come già precedentemente ricordato, il maggior nemico degli agrumi in questo momento è l'umidità, per ricoverare i vasi sarà meglio attendere un giorno di sole e controllare che le foglie siano perfettamente asciutte; anzi addirittura è prudente, quando siamo prossimi a questi lavori, non annaffiare per qualche giorno. Prima di ritirare le piante, diamo un'ultima occhiata per vedere se c'è del seccume da eliminare, ma attenzione: se si riscontra la necessità di potature da effettuare su legno vivo, la si rimandi a primavera, perché questo periodo invernale non è favorevole alla cicatrizzazione delle ferite. Infine, dopo aver smosso accuratamente la terra per facilitare l'evaporazione (lavoro che durante il ricovero invernale andrà ripetuto almeno altre tre volte) procederemo al trasporto.

Il modo di disporre i vasi nello stanzone segue regole molto rigide, e addirittura non sarebbe male se ogni pianta conservasse ogni anno il suo posto.

Il criterio generale è che tutte le piante ricevano quantità di luce proporzionata alle loro necessità e che nessuna sottragga luce alle altre: per questo, se la nostra collezione sarà soltanto di agrumi, basterà dividere i vasi secondo la grandezza e disporli in ordini digradanti, con i più grandi dietro e i più piccoli in prima fila.

Nel caso di una collezione coetanea, dove non esistono differenze dimensionali sostanziali tra gli elementi, si deve far ricorso all'uso di gradoni in legno. Quando l'operazione è completata, il tutto deve avere l'aspetto di un anfiteatro di verzura sostanzialmente omogeneo. Se invece avremo diverse qualità di piante, dovremo seguire un criterio adeguato alle necessità delle varie specie, che divideremo per semplicità in tre categorie: la prima comprende piante a fusto legnoso e ombrofile come il mirto, il cedro, ecc., che verranno poste nell'ultima fila in alto; la seconda piante più tenere e a fusto midolloso, come la *Datura arborea*, che occuperanno la fila intermedia; la terza piante carnose e ricche di acqua come il *Mesembryanthemum*, le crassulacee, ecc., poste in prima fila a ridosso delle finestre.

Completato il ricovero, non chiuderemo subito lo stanzone, perché si deve evitare qualsiasi passaggio troppo netto da uno stato all'altro: fino ai primi geli le finestre si terranno aperte giorno e notte, poi si cominceranno a chiudere di notte e infine, quando ha inizio il freddo forte, anche di giorno.

Non si raccomanderà mai abbastanza di innaffiare poco durante questo periodo, giusto lo stretto necessario per mantenere in vita le piante, facendo attenzione a non bagnare inavvertitamente le foglie e a non far tracimare l'acqua. La falsa opinione che innaffiando si impediscano guai peggiori è più radicata di quanto si pensi.[3] Il periodo di riposo durante il ricovero è relativamente calmo per il giardiniere, però non bisogna abbandonare del tutto le piante che tuttavia vivono. Almeno una volta al giorno visitiamole, e asportiamo tempestivamente qualsiasi parte danneggiata prima che contagi le altre. Se un'intera pianta è ammalata, bisognerà portarla fuori dallo stanzone.

A primavera la scelta del momento adatto per estrarre le piante non è meno semplice di quella del ricovero autunnale: ma anche qui il miglior indizio rivelatore è dato dalla vegetazione. Quando le gemme iniziano a rosseggiare bisogna cominciare a prepararsi, pur con la dovuta prudenza: spesso si verificano pericolose gelate tardive che consigliano di attendere qualche giorno prima di portare fuori i vasi.

Esattamente al contrario di quanto si è fatto in autunno, non portiamo le piante fuori immediatamente, ma cominciamo con l'abituarle al tepore primaverile aprendo gradatamente le finestre; giunto il momento aspettiamo ancora un giorno nuvoloso ed umido, perché il primo sole può bruciare la vegetazione novella. Se però, nonostante tutte queste accortezze, il sole sopravvenisse a posteriori molto forte, sarà prudente per i primi giorni spostare le piante all'ombra di qualche albero vicino.

---

[3] A Firenze, a distanza di poche centinaia di metri l'una dall'altra, le due ville di Castello e della Petraia hanno una ricca collezione di agrumi e di azalee, che, pur poste nelle identiche condizioni di clima e di esposizione, presentavano attorno agli anni '80 condizioni di salute molto diverse: ottima quella di Castello, e pessima quella di Petraia, dove lavorava un capo giardiniere che, per timore, per nessun motivo rinunciava ad un abbondante quanto dannoso annaffiamento delle piante ricoverate nello stanzone.

PRATI

La storia del prato nei giardini, almeno nella tradizione europea, ha due origini e due vicende distinte, che rispecchiano la retorica distinzione tra giardino di stile italiano e giardino di stile inglese. Entrambe queste due tradizioni prevedevano l'uso del prato, che però presentava nei due casi notevoli differenze tanto in merito alle specie componenti, quanto alla funzione: mentre il prato 'italiano', quale ad esempio lo descrivono Boccaccio[1] o Agostino del Riccio,[2] è un prato rustico, costituito di trifoglio e altre erbe di campo, ricco di fiori, da godere con gli occhi, quello inglese, che per primo, precorrendo gli albori del nuovo stile, propugnò Bacone, contrapponendolo ai *parterres* che la Francia stava esportando in tutta Europa, è un prato omogeneo, fitto, sempre tenuto molto basso, da godere fisicamente per mezzo del passeggio.[3] Mentre nel primo caso le bordure sono murate a grandi o piccole scogliere, o sono di lastrette di pietra, i confini di questo tipo di prato non prevedono una delimitazione murata. Secondo lo stile più puro, essi dovrebbero terminare di netto, e a tale scopo, nel XIX secolo, si usavano speciali attrezzi muniti di una lama ruotante con la quale si rifilavano i bordi (Fig. 83). Altro tipo di delimitazione, pensato piuttosto per i giardini pubblici, è stato il classico sistema ad archetti in ferro, tanto più piacevole alla vista quanto più essenziale nelle forme (Figg. 84, 85).

---

1 Introduzione alla giornata terza del *Decamerone*.

2 Cfr. *Del Giardino di un Re*, contenuto nel terzo libro del volume manoscritto di Agostino del Riccio (1541-1598): *Agricultura sperimentale*, Firenze, Biblioteca Nazionale Centrale, Targioni 56, riportato e commentato da D. HEIKAMP, *Agostino del Riccio, Del giardino di un Re*, in *Il Giardino Storico Italiano*, problemi di indagine fonti letterarie e storiche, Firenze, Olschki, 1981, pp. 59-123: «...attorno al palagio vi debbono essere intorno intorno bei prati, ma sieno seminati di trifoglio ed erba gentile, et si dee prendere i semi da' prati che sono ne' poggi e pòi far quei divêrre affondo due braccia alla misura fiorentina et seminarli di febraio o marzo et molti anni sempre vogliono essere netti a mano et trarre via tutte le cattive erbe fuora del prato et si dee avertire che mai per tempo veruno ci passeggi cavalli o altri animali, acciò con l'orme de' piedi loro non le guastino. Laonde per questo conto si fanno a detti prati grandi et honorevoli moricciuoli coperti sopra di marmi bianchi o pietre forti...».

3 F. BACON (1561-1626), *Essays, Civil and Moral*, The Harvard Classics, 1909-1914, XLVI, *Of Gardens*. Per Bacone il prato deve circondare la casa, affinché il collegamento sia diretto, e si possa passare immediatamente dal chiuso all'aperto e sedersi sull'erba. Nulla per lui è più conveniente di un prato fitto e tagliato corto, e nulla meno gradevole ed utile di un parterre alla francese, capriccio più vicino ad una torta da pasticceria che alla finezza dell'Arte.

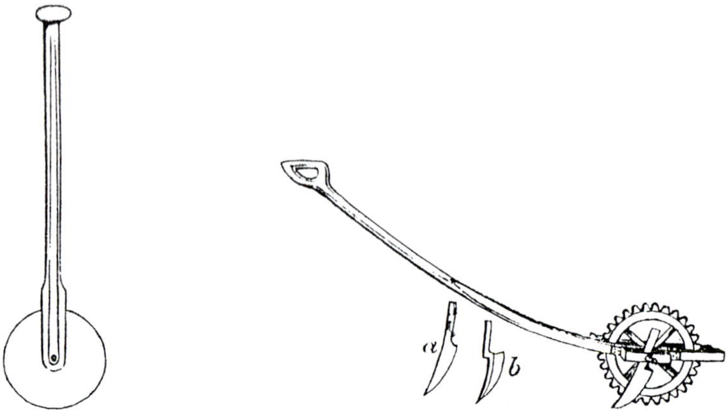

83. Due modelli di monoruota tagliabordi (LOUDON, 1834).

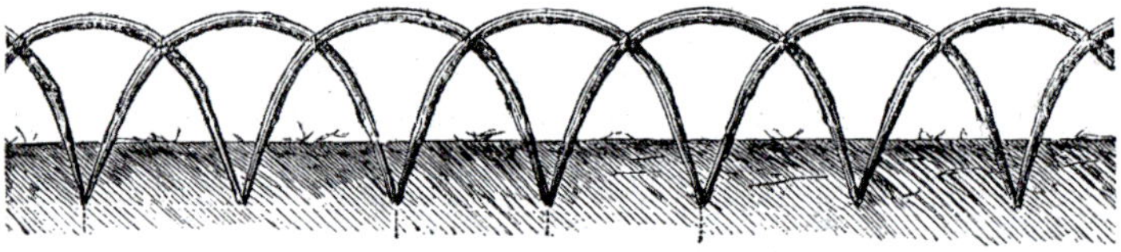

The large Iron Edgings (nineteen inches in span) used in the public parks.

84. Tipo di archetti in ferro delimitatori di prato o di aiuole (ROBINSON, 1869).

85. Parigi, Giardino del Lussemburgo, la delimitazione ad archetti di cui alla figura 84, mal conservata.

Più recentemente, anche per ragioni di pratica manutentiva, il limite tra prato e viale viene costituito mediante una veletta metallica inserita a filo terra, profonda non oltre i venti centimetri, utile anche per proteggere il prato dall'azione dei diserbanti che vengono irrorati sulle superfici calpestabili (Fig. 85).

Con il tempo queste distinzioni stilistiche hanno lentamente perso di significato. Nell'Ottocento la moda del parco di stile inglese finì con l'insinuarsi, con gradi e modi molto differenti, in quasi tutti gli impianti esistenti, e non è un caso se anche oggi, per indicare un prato perfettamente liscio e omogeneo, anziché chiamarlo propriamente *tappeto erboso*, lo sentiamo spesso definire «prato all'inglese».

A meno che noi non si debba curare un vero e proprio intervento di restauro con scelte legate alle esigenze di questa disciplina e secondo le sue regole, cureremo al meglio il prato nella forma, tipo e consistenza nelle quali è pervenuto fino a noi. Nella maggior parte dei casi si tratterà di un prato polifita, cioè composto di miscugli di specie diverse, variabile in funzione dei nostri obbiettivi, della natura del terreno, dell'esposizione. Miscugli che oggi si possono comprare già confezionati nelle formule più disparate, ma che è consigliabile formare ogni volta appositamente comprando le diverse sementi nella percentuale voluta. In questo modo, tra l'altro, avremo più garantita, con la freschezza, la germinabilità del prodotto.

In questi composti può essere utile comprendere il loglio: basta non dimenticare che a fianco delle caratteristiche che ne favoriscono l'uso, tra le quali la rapidità di sviluppo e il costo contenuto, c'è la crescita troppo rapida, la vegetazione troppo abbondante e la scarsa perennanza. Se usato nel miscuglio, non si superino le percentuali del 20-25%.

Fra le altre specie più diffuse sono l'*Agrostis tenuis*, la *Festuca rubra fallax*, la *Festuca ovina tenuifolia* e la *Poa pratensis.* Di queste la più importante rimane la prima, di grande adattabilità e resistenza alle falciature. Anche la festuca, soprattutto in associazione con l'agrostide, va bene, perché resiste al freddo e alla siccità; la poa non è meno importante dell'agrostide, tanto che si potrebbero fare prati con miscugli composti solo da queste due specie.

La quantità di seme da spargere varia da tre (senza loglio) a quattro chilogrammi per cento metri quadrati (con il loglio). Seminando più fitto si migliora la competitività rispetto alle infestanti, ma l'eccessiva umidità e il fittume che ne deriva possono facilitare lo sviluppo di agenti patogeni.

I tagli dei prati sono quanto di più variabile per numero annuo di interventi, per altezza del taglio ecc. che possa esistere. Cominciamo a dire che un prato in regioni umide fresche o un prato irrigato a dovere vanno trattati in modo profondamente diverso da un prato in regioni siccitose privo di impianto di irrigazione. Nel primo caso si dovrà tagliare almeno 25-35 volte l'anno; nel secondo si escludono tutti i tagli estivi, che sono i più numerosi, perché la parte aerea ingiallisce e non vegeta fino alla primavera successiva. Con riferimento al primo caso, d'estate si può tagliare più alto, e l'erba falciata può anche rimanere sul terreno, perché si seccherà presto e si trasformerà in una sorta di terriccio. Ma non altrettanto nelle altre stagioni, perché al contrario, non essiccandosi rapidamente, forma uno strato feltroso che inibisce le funzioni vitali del terreno e provoca malattie. In primavera si taglia più basso, e d'inverno è meglio non tagliare affatto. Se il prato è all'ombra, non tagliamo troppo corto, e ricordiamoci di tenerlo sempre pulito dalle foglie degli alberi che lo aduggiano, concimando e innaffiando più abbondantemente. In questi casi nel miscuglio la *Poa nemoralis* e la *Poa trivialis* dovranno prevalere sulle altre specie solite.

Un prato, per mantenersi sempre nelle condizioni dovute, deve essere sempre umido. Anche se questo scritto non prevede la discussione dei sistemi e delle tecniche di irrigazione, ricordiamo ad esempio che in media, nel clima romano, un prato, a seconda delle diverse variabili, necessita di una quantità d'acqua per metro quadro oscillante dai 20 ai 40 litri a settimana.[4]

Non si pensi che il prato si accontenti solamente di opere, come gli sfalci, di mantenimento: non diversamente di tutti gli altri componenti vegetali del giardino, e forse di più, a causa della sua maggiore esposizione all'usura, la sua manutenzione prevede concimazioni e rinnovi.

Se non esistono esigenze speciali, il concime ordinario migliore è il terricciato, che si sparge più volte, preferibilmente a partire da febbraio, nella quantità di 2 quintali e mezzo per ogni cento metri quadrati: se per motivi eccezionali fosse necessario intervenire più incisivamente, – ma è consigliabile di ricorrere a questo tipo di concimazione con grande parsimonia – potremo ricorrere ai concimi chimici ternari, ricordando, a proposito della percentuale del titolo di ognuno, che l'azoto incentiva la crescita e il colore verde delle foglie, il fosforo lo sviluppo dell'apparato radicale e la resistenza alla siccità, il potassio allunga il periodo di vegetazione.

Tra gli agenti patogeni del prato i più comuni sono i *Fusarium*, funghi che per lo più, specie se si interviene in pre-emergenza, si controllano abbastanza

---

[4] Una tendenza attuale ha radicalizzato il tema dell'irrigazione massimalizzandola. Qualsiasi prato così deve, per essa, essere sempre verde, in ogni momento dell'anno ed in qualsiasi tipo di giardino. Eppure esistono almeno alcuni casi per i quali tale corsa al 'tutto e subito' applicata ai giardini, potrebbe essere convincentemente contraddetta: pensiamo ad esempio ai parchi archeologici, almeno quelli di area romana, dove l'ingiallimento estivo dei prati è aspetto figurativo efficace e consustanziale all'immagine della campagna circostante, sparsa di ruderi. Si consideri inoltre che un'irrigazione contenuta riduce i rischi di alterazione delle strutture ipogee, spesso quasi affioranti. La diffusione indifferenziata dell'irrigazione, tanto nei parchi e giardini, quanto in agricoltura, porta ad un concreto impoverimento delle risorse idriche. Ancora dall'esperienza diretta nei parchi archeologici romani, si è visto che il livello d'acqua delle falde di vecchi pozzi esistenti e sempre costanti nell'erogazione d'acqua, come ad esempio nel parco delle Terme di Caracalla, o al Palatino, si è abbassato di oltre cinque metri nel giro di pochi anni, dal 1999 ad oggi.

bene con gli ossicloruri di rame sotto forma di polvere bagnabile, da somministrare ogni anno a primavera. Ma più in generale, riguardo alle malattie, non correremo mai il rischio di sottovalutare i benefici di una manutenzione costante e accurata.

Se rastrelleremo sempre il nostro prato molto difficilmente lo vedremo attaccato dal muschio. Dopo ogni inverno la rastrellatura, seguita da un passaggio di rullo che compatta il terreno favorendo la ripresa vegetativa, è indispensabile per evitare l'infeltrimento della cotica erbosa. Quando la rastrellatura non dovesse dare i risultati voluti, possiamo aiutare il prato forandolo con l'apposito attrezzo (foraterra), munito di punte non più lunghe di quattro centimetri, che penetrano nel terreno per due o tre centimetri. La foratura controbilancia il compattamento del calpestio e combatte la siccità, perché ogni foro diviene come una piccola riserva idrica, arieggiando la cotica erbosa che con il tempo, anche nei prati migliori, diviene talmente fitta da impedire la penetrazione dell'acqua e dell'aria.

Finora abbiamo parlato di lavorazioni di manutenzione ordinaria e straordinaria, ma quando un prato è stato abbandonato per lunghi anni si deve intervenire con opere specifiche eccezionali e con criteri ispirati a quelli del restauro. L'esperienza insegna che nella maggior parte dei casi la causa del deperimento cronico di un prato va ricercata nel ristagno d'acqua, nemico insidioso di tutte le coltivazioni. Non sempre si può sperare che la composizione del terreno sia quella ideale formata da terra di bosco e sabbia, e in molti casi gli ammendanti e i correttivi permettono di risolvere senz'altro il problema della permeabilità. Ma se le cause del ristagno sono da attribuire alla costituzione del sottosuolo, nessuna soluzione può prescindere da un radicale intervento di drenaggio: dopo aver bonificato il terreno, lo si dovrà preparare come se si trattasse di un impianto nuovo: quindi procederemo ad una buona vangatura profonda almeno 20 centimetri, incorporando letame equino se il terreno sarà pesante, bovino se piuttosto leggero (40-50 kg per ogni 10 metri quadrati). La vangatura serve anche a sminuzzare per bene l'impasto, che dopo andrà ulteriormente modellato con il rastrello anche per riformare le necessarie pendenze e spianato con l'uso del rullo. Dopo di ciò sarà bene non seminare subito, per dar modo alle erbe infestanti di svilupparsi e così poterle eliminare senza pericolo di danneggiare il nuovo impianto. La semina deve avvenire in autunno, o meglio in primavera. Il seme, dosato mediamente a 35-45 grammi per metro quadrato, sarà meglio poi spargerlo a spaglio, magari mischiandolo ad un po' di sabbia per garantire una maggiore omogeneità di distribuzione. Ma per esser certi dell'uniformità di semina sull'intero terreno, divideremo l'area in riquadri, e suddivideremo la quantità di seme in un numero pari al doppio di quelli. In questo modo, passando due volte secondo direzioni perpendicolari, non potranno verificarsi eccessive sperequazioni, e il risultato sarà del tutto soddisfacente.

Quanto abbiamo fin qui letto a proposito dei prati ci ha fatto capire che si tratta di uno di quei pochi casi nei quali le tecniche recenti sono spesso più efficienti di quelle tradizionali e permettono di derogare dalla norma generale della fedeltà ai metodi antichi.

Esistono poi casi di tecniche di origine antica, ma oggi talmente evolute da non poter più essere considerate eredi dirette delle loro lontane progenitrici. Fra queste l'impianto di un prato per mezzo di zolle erbose è una delle più diffuse. Il rivestimento delle scarpate con zolle carpite da prati naturali è conosciuta da secoli dai contadini, ma l'orticoltura moderna dapprima, fin dalla fine del XVIII secolo, e la tecnologia in tempi ancor più recenti, hanno sviluppato questo metodo con tecniche speciali che permettono di ottenere zolle uniformi perfettamente asportabili e di forma tale da poter essere arrotolate e trasportate con la massima facilità e senza danno per la vitalità delle piantine. Formare un prato con queste piote permette di avere una immagine a pronto effetto, con risultati immediati suggestivi (Figg. 86, 87).[5] Il punto debole di tale tecnica consiste nella fase dell'attecchimento, che va curata con attenzione: innanzitutto la preparazione superficiale del terreno dovrà essere

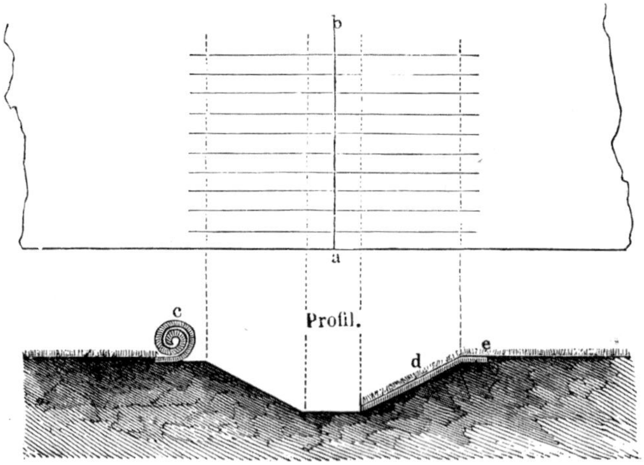

86. Un utilizzo del prato già pronto a rotoli per il rivestimento di pendenze accentuate (ANDRÉ, 1879).

[5] Ma per contro produce prati meno resistenti e ci priva del commovente spettacolo della crescita e del divenire di un giardino.

87. Il prato a rotoli utilizzato per inverdire le aree del Foro Romano (1999). L'aspetto uniforme del prato appena impiantato contrastava con il carattere di un'area archeologica, ma era un effetto temporaneo, in quanto le superfici erbose furono presto 'imbastardite' con le specie dei prati naturali assumendo un definitivo aspetto omogeneo a quello tipico di queste aree.

molto accurata, per evitare irregolarità dannose per l'adesione delle zolle; poi bisognerà che i lembi delle zolle combacino perfettamente, e per far ciò, dopo averle accostate e battute per bene, spargeremo un po' di terriccio fra le commettiture incorporandolo bene con l'aiuto di una scopa. Fatto questo si passerà all'irrigazione, che mai come in questo caso dovrà essere continua ed abbondante per numerosi giorni.[6]

---

6 Pucci, 1983[12], pp. 175-181: «In qualche punto di forte pendenza e sui bordi invece della semente si fa l'impiotamento, cioè il prato si forma con piccole porzioni, dette piote, di terra erbata, di forma rettangolare, staccate dalla superficie di un prato vecchio. Si dispongono sul nuovo terreno in modo che si ritocchino perfettamente, si getta un poco di seme nei punti di attacco e quindi si annaffia copiosamente».

ROSE

La coltivazione della rosa è antichissima, e molto diffusa nel giardino rinascimentale, dove si usavano prevalentemente le rose selvatiche, le ibride della gallica, le damascene o le centifolie. Nei giardini storici più vicini al nostro tempo troveremo quelle derivate dalle cinesi, le ibride di tea, le bourbon, le rose inglesi, ecc.

La coltivazione della rosa è fra le più semplici, e questa sua caratteristica, unita alla venustà dei suoi fiori, ne fa a giusto titolo la *regina dei fiori.*

Fino ai primi del Novecento le rose si piantavano a radice nuda, ma oggi questa tradizione, con la grande diffusione della floricoltura commerciale, si va attenuando, e a volte i rosaisti specializzati commerciano anche piante in contenitore o in vaso. Per questo motivo le raccomandazioni circa l'osservanza rigorosa dei tempi stagionali della posa a dimora è in parte ridimensionata, e praticamente le rose si possono piantare in qualsiasi stagione, facendo unicamente eccezione del mese di agosto.

Le rose non hanno particolari esigenze nemmeno per la composizione del terreno, e vegetano bene tanto in quelli sciolti che in quelli pesanti per la presenza di argilla, purché non del tutto esenti da *humus.*

L'apparato radicale delle rose teme particolarmente le bruciature causate dal contatto diretto con i concimi, quindi di solito è da evitare la letamazione preventiva della buca, e l'unica concimazione, al momento della posa a dimora, consisterà nel coprire il terreno intorno al fusto con uno strato di letame paglioso ben maturo, che andrà rinnovato ad ogni cambio di stagione, per almeno un anno, affinché protegga le radici dal freddo e dall'eccessiva essiccazione dovuta al caldo durante il delicato periodo dell'attecchimento, passato il quale le rose vanno concimate ogni anno con letame bovino ben macero.

La concimazione annuale va somministrata quando la rosa inizia il risveglio, affinché possa disporre dell'alimento allora, e non prima che lo stesso possa effettivamente essere assimilato.

La rosa è soggetta agli attacchi fitopatogeni soprattutto nei primi anni, e perciò bisognerà che in questo periodo si presti loro la massima attenzione, intervenendo tempestivamente con irrorazioni di insetticidi e fungicidi (preferibilmente mescolati a concimi fogliari). Ma se cureremo con attenzione costante e frequenteremo spesso le nostre rose, avremo modo di accorgerci degli attacchi quando è ancora possibile praticare il migliore e più antico dei presidi fitosanitari: quello di asportare a mano gli afidi o le cocciniglie. A partire dal terzo anno di età, potremo controllare la salute delle rose con due soli interventi in pre-emergenza: a febbraio con un olio emulsionabile, ad aprile con una irrorazione di solfato di rame (la vecchia poltiglia bordolese) che oggi si trova in commercio sotto nomi diversi.

Non potremo trattare della potatura senza prima chiarirci le idee circa il ruolo e l'importanza svolta da questa lavorazione rispetto alle rose. Si dice spesso, ed è vero, che le rose potrebbero benissimo fare a meno della potatura; al più, al fine di evitare che si verifichino fenomeni di infittimento eccessivo che potrebbero creare problemi alla respirazione e penalizzare la bellezza della pianta, basterebbe provvedere alla eliminazione dei rami secchi o deboli e a quelli nati in eccesso. Esistono diverse rose semplici e alcune varietà come la *gallica*, la *alba* e la *centifolia*, che addirittura ricevono più danno dalla potatura dei fiori che dall'abbandono.

Ma se è vero che il significato stesso della rosa risiede nei suoi splendidi e profumati fiori, allora la potatura, come mezzo deputato per eccellenza alla regolazione della fioritura, diviene l'operazione più degna di osservazione. Su questa strada, come sempre accade, esistono aberrazioni, come quella relativa alla coltura dei fiori recisi, che radicalizza la potatura in funzione della massima fioritura, inducendo nell'organismo uno stato di stress da produzione che esaurisce le piante in due o tre anni.

Ma dai giardini antichi (un po' meno da quelli moderni), gli eccessi di ogni tipo erano banditi; e noi, come i nostri progenitori (salvo forse, nell'Ottocento, i possessori di giardini di collezione), non cercheremo la rosa più grande, il fiore più colorato, la fioritura più abbondante: e prenderemo le distanze dalle forzature orticole dei produttori di rose recise non meno che da quelle dei moderni giardinieri, i quali sembrano sempre alla ricerca di una bellezza barbara fondata piuttosto sulla quantità che sulla semplicità, la delicatezza, il profumo.

Le rose, dal punto di vista delle potature, possono essere concepite come suddivise in almeno quattro categorie, che riguardano i fiori e la forza della pianta, alle quali le tecniche di potatura si adattano in un corrispondente numero di specializzazioni, cioè:

1) Rose di una sola fioritura;
2) Rose di due o più fioriture, dette appunto rifiorenti;
3) Rose a cespuglio;
4) Rose rampicanti o sarmentose.

88. Un esemplare di rosa banksiana a fiore giallo che cresce su di un berceau.

A proposito di questa distinzione[1] aggiungo che in genere il carattere 'rampicante' prevale su quello 'cespuglioso', e molte rose come la *gigantea*, la *mo-*

[1] A proposito della differenza di significato, in particolare per le rose, dei termini rampicante e sarmentosa, i manuali svelano un'indeterminatezza che spesso è effetto di idee non sempre omogenee. Sarmentoso viene da sarmento, ossia ramo molto allungato rispetto alla sua sezione media, e che per tale motivo si presta a rivestire pergole, muri, colonne, dove però non salirebbe spontaneamente se non vi fosse guidato dal giardiniere per mezzo di fili, legacci, telai in legno ecc. Rampicante, dal punto di vista etimologico, è una pianta in grado di arrampicarsi da sé, cioè non solo i suoi rami sono sarmenti, ma essendo dotati di organi prensili (cirri, ventose o radichette avventizie) fanno a meno dell'intervento del giardiniere e aderiscono direttamente al supporto. Quando in particolare parlia-

schata, la *chinensis*, antenate di molte rose moderne, sono spontaneamente rampicanti. Le rose sarmentose generano dei lunghi getti basali che non fioriscono nell'estate ma nell'anno seguente, con grappoli di fiori lungo tutto il ramo e dopo la fioritura vengono eliminati. L'utilizzo preferito di queste rose è quello nei pergolati, o nei berceaux, o a rivestire muri soleggiati (Fig. 88); esiste tuttavia anche la tradizione ottocentesca di rivestire i tronchi degli alberi, sopratutto delle palme, che, avendo la chioma alta, lasciano permeare alla base una quantità sufficiente di luce. Ma venivano rivestiti anche i tronchi di alberi spoglianti quali i platani, come un tempo nel viale omonimo del Giardino di Boboli. Altro uso a spiccato carattere decorativo è quello di avviare le rose su sostegni in ferro disegnati in maniera tale da valorizzarne al massimo la fioritura (Fig. 89).

Invece i germogli delle rampicanti hanno una vita produttiva di diversi anni, perciò vengono lasciati e costituiscono la struttura dalla quale partono i rami secondari che porteranno i fiori. Queste pratiche derivano dall'applicazione di una regola generale quasi priva di eccezioni: la potatura corta genera una vigorosa emissione di nuovi getti e favorisce lo sviluppo di fiori, grandi ma poco numerosi; al contrario una potatura lunga induce una modesta ripresa vegetativa, e favorisce lo sviluppo di numerosi fiori, ma piccoli e a volte abortiti. Ne consegue il seguente corollario: le rose deboli vanno potate 'a corto' per stimolarne la crescita; per quelle vigorose invece, già forti di per sé, basterà sopprimere i rami deboli o quelli in eccesso e ripulire il seccume, potando poi con molta parsimonia.

Ricordiamoci di togliere i fiori appassiti, per risparmiare l'energia che le rose dovrebbero produrre nella formazione dei frutti, sempre che la presenza di questi non sia desiderata. Poi non va dimenticato che la posizione della gemma immediatamente al di sotto del taglio è fondamentale per la forma futura della rosa, perché, per il principio della dominanza apicale, del quale a suo tempo abbiamo parlato, proprio questa avrà il maggiore sviluppo.

Tali considerazioni di carattere generale vanno poi applicate ai casi pratici nel rispetto delle quattro categorie anzidette, ricordando però che le varietà di rose, ma anche individui appartenenti alla medesima varietà, possono essere spesso molto diversi tra loro. Quindi non affidarsi meccanicamente alle regole, ma studiare bene ogni singolo individuo. Questo aspetto, che nei primi tempi potrà scoraggiare il giardiniere novello, diventerà presto, con la pratica,

---

mo delle rose, come vedremo appresso parlando delle potature, la differenza fra i due termini va però ricondotta esclusivamente ai sarmenti e al diverso modo di potarli. Nelle sarmentose si eliminano ogni anno facendoli sostituire da quelli portati dalla vegetazione nuova; nelle rampicanti invece si lasciano, e vanno a costituire l'impalcato permanente della rosa, dal quale sviluppano i rami secondari che porteranno i fiori.

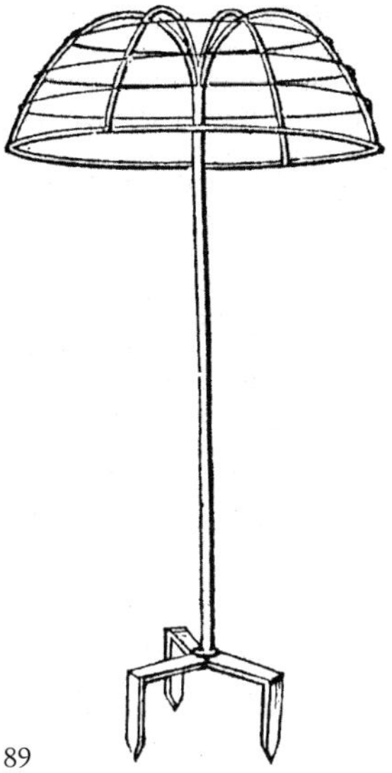

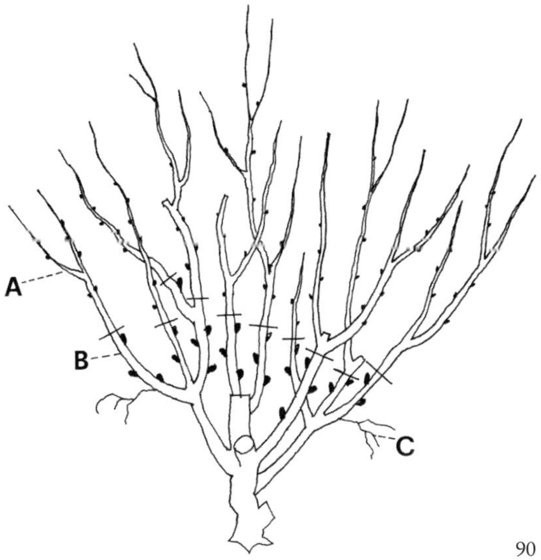

89 90

89. Un diffuso modello di traliccio in ferro per il sostegno di rose (LOUDON, 1834). Uno di questi, rivestito da una rosa, si trova anche nel giardino cosiddetto 'del Conte di Torino', interno al Giardino di Boboli. **90.** Potatura di un rosa a cespuglio. A = rami vecchi; B = Taglio da praticare al di sopra di due-tre gemme nelle varietà deboli, quattro-cinque in quelle vigorose; C = Rami secchi o deboli da eliminare.

una sorta di abito mentale: se saremo in grado di capire dove e quando una determinata rosa emetterà i propri fiori, allora la potatura sarà un'operazione semplicissima, piacevole, e, direi, elettiva.

Esemplifichiamo il caso classico della rosa a cespuglio non rifiorente.

Per questa categoria la potatura va effettuata a gennaio (varietà più forti) e a febbraio (meno vigorose), ad evitare il rischio di gelate improvvise tutt'altro che infrequenti. Questo punto è così importante che nei paesi freddi si ritarda ancora di una quindicina di giorni, e alcuni rosaisti consigliano di potare a primavera iniziata, per evitare qualsiasi possibilità di rischio. In pratica basterà osservare bene la rosa e potare quando le gemme cominciano a rosseggiare ed ingrossare (Fig. 90).

Per prima cosa toglieremo il seccume, i rami deboli e quelli in soprannumero. Poi, siccome la maggioranza delle rose fiorisce sui rami dell'anno, elimineremo tutti quelli che hanno fiorito, tagliando a due-tre gemme per le varietà deboli e a quattro-cinque per le più vigorose. Lasceremo invece i rami di sette mesi, perché non avendo ancora fiorito lo faranno nell'anno. Quindi concimeremo e irroreremo dell'antioidico. (Più tardi, ad aprile, passeremo con il ramato).

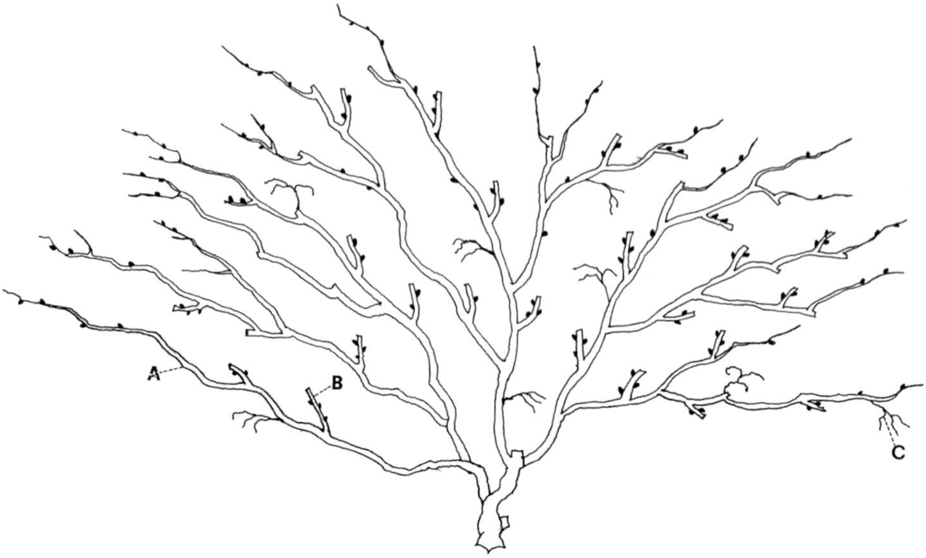

91. Potatura di una rosa rampicante. A = rami principali che formano la struttura stabile della rosa; B = rami secondari da potare a due-tre gemme; C = rami secchi o deboli da eliminare.

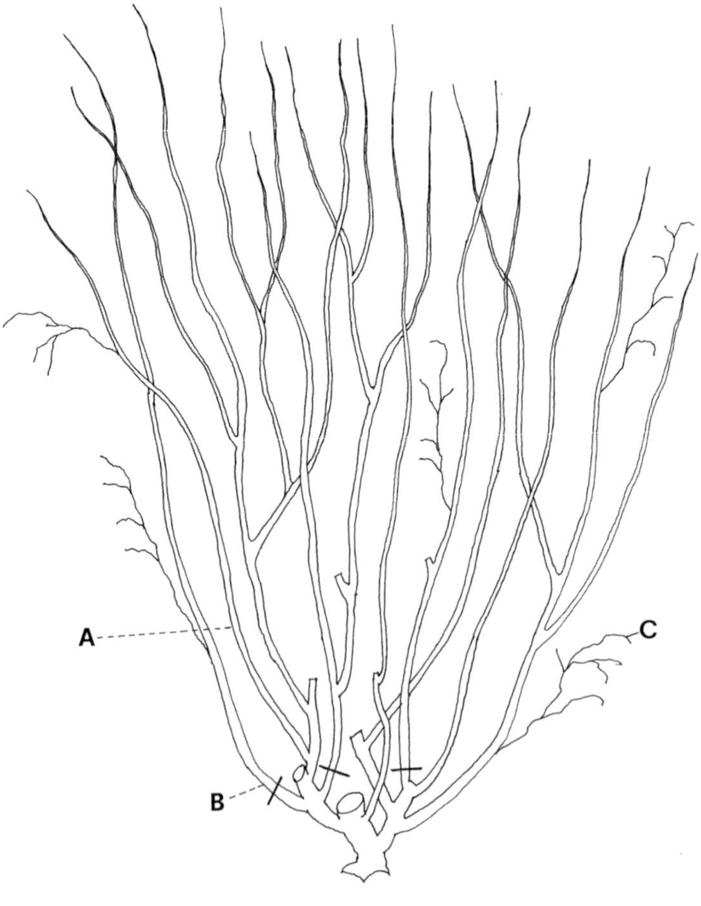

92. Potatura di una rosa sarmentosa. A = rami giovani di uno o due anni da mantenere; B = rami vecchi da eliminare; C = rami secchi o deboli da eliminare.
Potatura progressiva di un ramo sul tronco di un albero.

IX

XI

IX. Praga, colle del Hradschin, il giardino del Belvedere di Rodolfo II. **XI.** Roma, villa Pamphilj, i parterres, modificati secondo il gusto settecentesco, del giardino segreto dinanzi al 'Bel Respiro'.

X. Vaticano, i parterres sotto gli edifici della sede della Radio.

XII

XIII

XII. Collodi (Pistoia), villa Garzoni, la ricchezza plastica e cromatica dell'impianto tardo barocco. **XIII.** Settignano (Firenze), villa La Gamberaia, il parterre d'acqua con il teatro verde nello stato attuale, frutto di modifiche effettuate attorno alla prima metà del secolo XX.

XIV

XV

XIV. Roma, Arco di Costantino, il parterre di spirea (*Spiræa cantoniensis fl. pleno*) costruito attorno al 1987 (poi sostituito con l'attuale sistemazione a lastricato). **XV.** Roma, Foro Romano, rose sarmentose attorno alle vasche della Casa delle Vestali. Qui le rose sono tirate lungo fili tesi orizzontalmente.

XVI

XVII

XVI. Parigi, giardino del Lussemburgo, le plates-bandes fiorite del parterre. **XVII.** Parigi, Parc Monceau, la lavorazione a maggese delle aiuole destinate ad ospitare le bordure fiorite a massivo.

XVIII

XIX

XVIII. Parigi, Champs – Elysées, aiuola floreale a 'corbeille'. **XIX.** Londra, Regent's Park, 'Italian Gardens', sistemazione di età vittoriana.

XX

XXI

XX. Muskau (Sassonia) Parco del principe Pückler, una delle aiuole 'a tappeto' decorate anche con scorie di vetro. **XXI.** Londra, Hyde Park, bordura fiorita a massivo.

XXII

XXIII

XXII. Castelgandolfo (Roma), Ville Pontificie, aiuola fiorita a ricamo. **XXIII.** Nizza, Chateau Saint-Maur, il giardino a parterre di stile ‘misto’ (arch. O. Godard).

XXIV. Versailles, boschetto dell'Encelade, il Berceau di rose recentemente ricostruito.

Se la rosa da potare è rifiorente, questo tipo di operazioni si ripete in estate. Quando si tolgono i fiori appassiti questi debbono essere recisi con tutto lo stelo e le sue foglioline, per evitare, come già detto, che la pianta si affatichi troppo a nutrire i semi. In aggiunta si dovranno eliminare con la massima accortezza i succhioni basali, anche perché molto spesso non appartengono al gentile, ma al selvatico (porta innesto), che nella maggior parte dei casi è di Rosa canina. Se si tralascia tale semplice accorgimento, questi succhioni potrebbero prevalere sul gentile. Il taglio non va fatto a pari terra, ma, scalzando un po' la pianta, sul punto di attacco al soggetto.

Le rampicanti sono una categoria di rose vigorosissime (Fig. 91), e i loro rami conservano la capacità produttiva per più anni. Quindi non si dovrà eliminarli, ma potarli a lungo (massimo un terzo) perché da essi germoglieranno i rami che porteranno fiori nell'anno successivo. Una volta rimondata la rosa e potati come detto i rami principali, si effettua sui secondari – quelli che porteranno fiori direttamente – il medesimo tipo di operazioni applicato per le specie cespugliose. Non così per le sarmentose, dove ad ogni potatura si dovranno sopprimere (Fig. 92) completamente i sarmenti di due o tre anni, perché tutti gli anni la rosa fiorisce sui germogli nuovi, vigorosissimi, che raggiungono in breve dimensioni notevoli.

Abbiamo detto che le rose sono molto rustiche; tuttavia, nei casi pur limitati in cui abbiano sofferto gravi danneggiamenti, non c'è altro sistema che quello di potarle al piede, sperando che il vigore residuo della pianta permetta loro di riprendere, al fine di ottenere un rinnovamento soddisfacente.

SIEPI

Le siepi[1] dei giardini sono, per certi versi, una sorta di versione 'deliziosa' delle vecchie difese spinose nate per proteggere gli orti e i campi dagli intrusi, animali o umani.[2] I trattati di agricoltura di tutti i tempi descrivono, a seconda delle regioni, i diversi modi di costituire tali siepi difensive, che oggi molto spesso, anche per la sua natura infestante, sono semplificate alla sola specie del *Rubus fruticosus* (rovo), ma che, ancora almeno fino all'inizio del secolo, presentavano ricche varietà di soluzioni, con la *Rosa canina*, con la *Gleditschia triacanthos* (in tempi più recenti), con il biancospino, con il *Paliurus Spina-Christi*, con l'associazione di una o più delle dette specie. Tali siepi, come testimonia l'Alamanni, erano preferite addirittura alle difese murate:

> *Non si chiuda il Giardin con fosso, ò muro*
> *dagli assalti di fuor: che questo apporta*
> *Vana spesa al Signor, ne lunghi ha i giorni,*
> [...]
> *Più sicuro et fedel più lungo schermo*
> *Et vie piu bello haurà; che piante in giro*
> *De i più selvaggi Prun, de i piu spinosi,*
> *Pungentissima, folta, et larga siepe.*

---

[1] *Sæpes, is*, recinto, chiuso. Quindi è essenzialmente siepe una qualsiasi chiusura di terreno, prevalentemente costituita di legno. È il motivo per cui negli scrittori antichi, fino all'Ottocento, troviamo spesso l'espressione 'siepe viva' come distinta da una sottintesa 'morta', riconducibile al tipo originale, fino a quando questo era di uso comune.

[2] Daniel Defoe ricostruisce con suggestione filologicamente credibile l'insieme delle circostanze che portano l'uomo 'naturale' Robinson Crusoe alla 'invenzione' della siepe difensiva (D. DEFOE, *Robinson Crusoe*, Milano, Garzanti, 1980^2), p. 109: «...mi costruii una specie di piccolo pergolato, cingendolo ad una certa distanza con un solido recinto, costituito da un'alta, duplice siepe sostenuta da robusti bastoni e riempita di fronde nello spazio intermedio; in tal modo mi sentivo al sicuro...» e p. 113: «...feci una piccola scoperta che in seguito mi sarebbe stata di una certa utilità. [...] i bastoni [della siepe] che avevo reciso da vari alberi nelle immediate vicinanze avevano germogliato e ramificato, come quelli che butta un salice un anno dopo la potatura al sommo del tronco [...] fui molto soddisfatto di veder crescere quelle nuove piante, e le potai in modo che crescessero quanto più possibile uguali l'una all'altra. Non si può descrivere la bellissima forma che assunsero nel giro di tre anni...».

L'aspra Rosa del can, l'Adunco rogo
(che son piu da pregiar) quando gli haurà
Ben contesti fra lor: terranno al segnio
il furor d'Aquilon non pur le gregge.
Poscia al tempo novel, fiorito et verde,
Spargon semplice odor; che tutto allegra
Il ben posto sentier, prestando il nido
A mille vaghi augei; che'n dolci rime
Chiaman lieti al mattin chi surga all'opra.[3]

Le eredi di tali siepi rustiche, nate dallo spirito dell'Umanesimo, ripescano anche la nobiltà delle loro origini classiche (giardino della villa Tusculana di Plinio il Giovane) rispolverando, con l'*Ars topiaria*, l'attitudine dell'uomo di imporsi alla natura modellandone le forme secondo il proprio volere. Gli eccessi delle forme stravaganti, come quelle sognate dal Polifilo,[4] o quelle realizzate da Giovanni Rucellai nel giardino fiorentino di Quaracchi, descritto nel suo *Zibaldone*,[5] non tardarono molto, codificando un modo di lavorare ed utilizzare le siepi che, pur con alterne fortune, non verrà più sostanzialmente messo in discussione fino alla rivoluzione del giardino inglese, e verrà poi ripreso durante l'eclettismo vittoriano. In questo periodo, anche per soddisfare le esigenze capricciose di forme sempre nuove, e grazie ai moderni ritrovati tecnologici, nascono forme di modellazione delle piante ottenute non solo con le forbici, ma anche con l'ausilio di strutture in ferro e tiranti metallici, con risultati ad effetto e per certi versi stravaganti (Figg. 93, 94, 95, 96).

Prima di passare a descrivere le siepi dei giardini antichi va detto che esse, pur se in un ambito di 'delizia', non hanno mai perso del tutto la memoria delle proprie origini funzionali, e, anche se in parte, conservano compiti di difesa, di protezione, di chiusura o di contenimento di scarpate. Le erme o i basamenti con soprastanti vasi di agrumi agli angoli delle aiuole, proprio come gli antichi termini angolari, oltre che per l'evidente fine formale, servono anche per proteggere i punti più delicati dove svoltano i carri.

Con il termine 'siepe', genericamente, indichiamo un elemento del giardino che in realtà si articola in numerosi sottotipi, ai quali corrispondono altrettante lavorazioni. Una fondamentale differenza è quella tra la siepe vera e pro-

---

3 Alamanni, 1546.

4 F. Colonna, *Hypnerotomachia Poliphili*, Venezia, edizione aldina del 1499.

5 G. Rucellai, *Zibaldone*, in L. Dami, *Il Giardino Italiano*, Milano, Bestetti e Tumminelli, 1924, p. 22.

93. Albero potato a cupola. Poiché l'interno della chioma non prende luce si vuota, e configura una forma ad ombrello adatta all'uso di protezione dal sole (Robinson, 1869). Nel parco della Reggia di Caserta esiste una grande camelia di questo tipo, nella quale appunto si può entrare e sostare all'ombra.

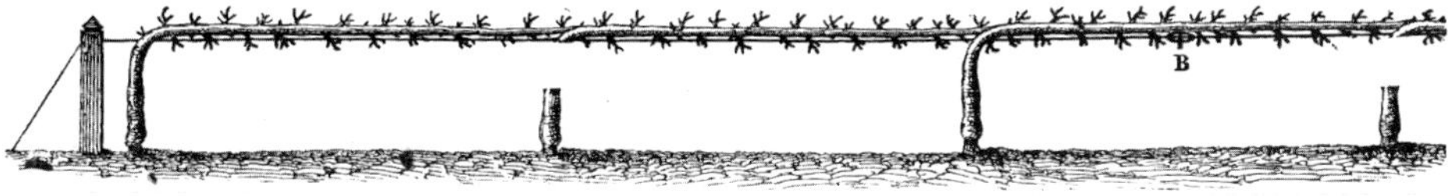

94. Metodo per tirare le piante lungo una determinata direzione. Ho visto questa tecnica utilizzata con successo nella Casa Giusti a Monsummano (Pistoia), dove un glicine annoso veniva mantenuto aderente al sostegno con un effetto di singolare bellezza (Robinson, 1869).

95. Altro esempio della duttilità delle piante. Un esemplare di pero allevato a spalliera con i rami ad archetto (Robinson, 1869).

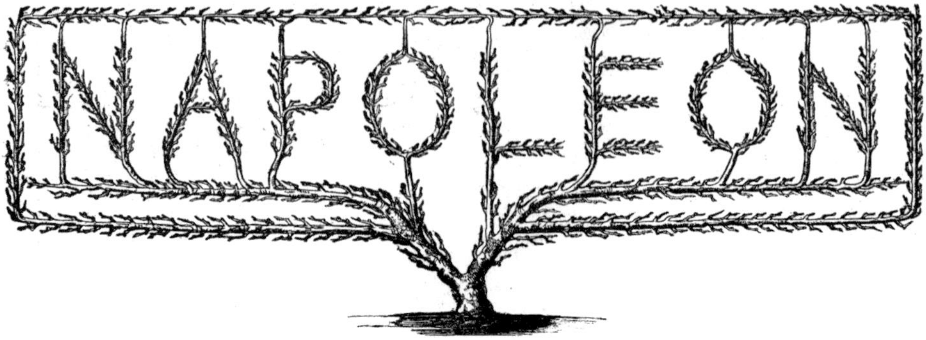

The Napoleon Peach Tree.

96. Di tradizione classica è questo tipo di potatura e di vera e propria 'conduzione' delle piante per la formazione di lettere e di nomi (ROBINSON, 1869).

pria, libera su tutte le tre facce, e la spalliera, che si appoggia ad un muro o per rivestirlo, o, come nel caso dei cedrati, per riceverne protezione e calore: quando poi le piante sono associate a coprire una superficie bidimensionale più o meno estesa, si suole parlare di 'spiaggia'.

Le siepi si differenziano inoltre per ordini di grandezza, e se si vuole che rimangano a lungo nelle forme previste, sarà bene scegliere specie adatte ai diversi casi, e cioè, a titolo di esempio per l'area mediterranea, e con valori di riferimento medi del tutto indicativi, *Buxus sempervirens* e *Myrtus communis* e var. *tarentina* per siepi fino a 50-80 centimetri, *Phillyrea latifolia, Rhamnus alaternus*, per siepi anche più alte, *Laurus nobilis, Viburnum tinus* per siepi alte fino a 4-5 metri, *Quercus ilex* per altezze superiori fino a 8 metri. Quando si debbano costituire o riprendere i ricami di bosso alla francese, nanizzati, la varietà da scegliere è il *Buxus sempervirens* var. *suffruticosa.*

Tutte le specie di piante, con il trascorrere degli anni, hanno la tendenza a spogliarsi al piede. Per evitare gli antiestetici vuoti che così si venivano a formare, le siepi più alte dei giardini classici erano composte da associazioni di ordini sovrapposti (Fig. 97), come ad esempio, partendo dal basso, dapprima la fillirea, il bosso, l'alaterno, poi il viburno, quindi l'alloro e infine il leccio. Questi esempi, che troviamo in quasi tutti gli impianti storici del Lazio, ma soprattutto della Toscana, non valgono per le regioni del nord più fredde, dove i rigori invernali impediscono di utilizzare in tutta sicurezza le piante sempreverdi; non a caso, già a partire dall'area lombarda, fra le specie preferite per le siepi, come naturale corrispondente dell'alloro, è il *Carpinus betulus*, pianta non meno diffusa nei giardini francesi e tedeschi. Tutti

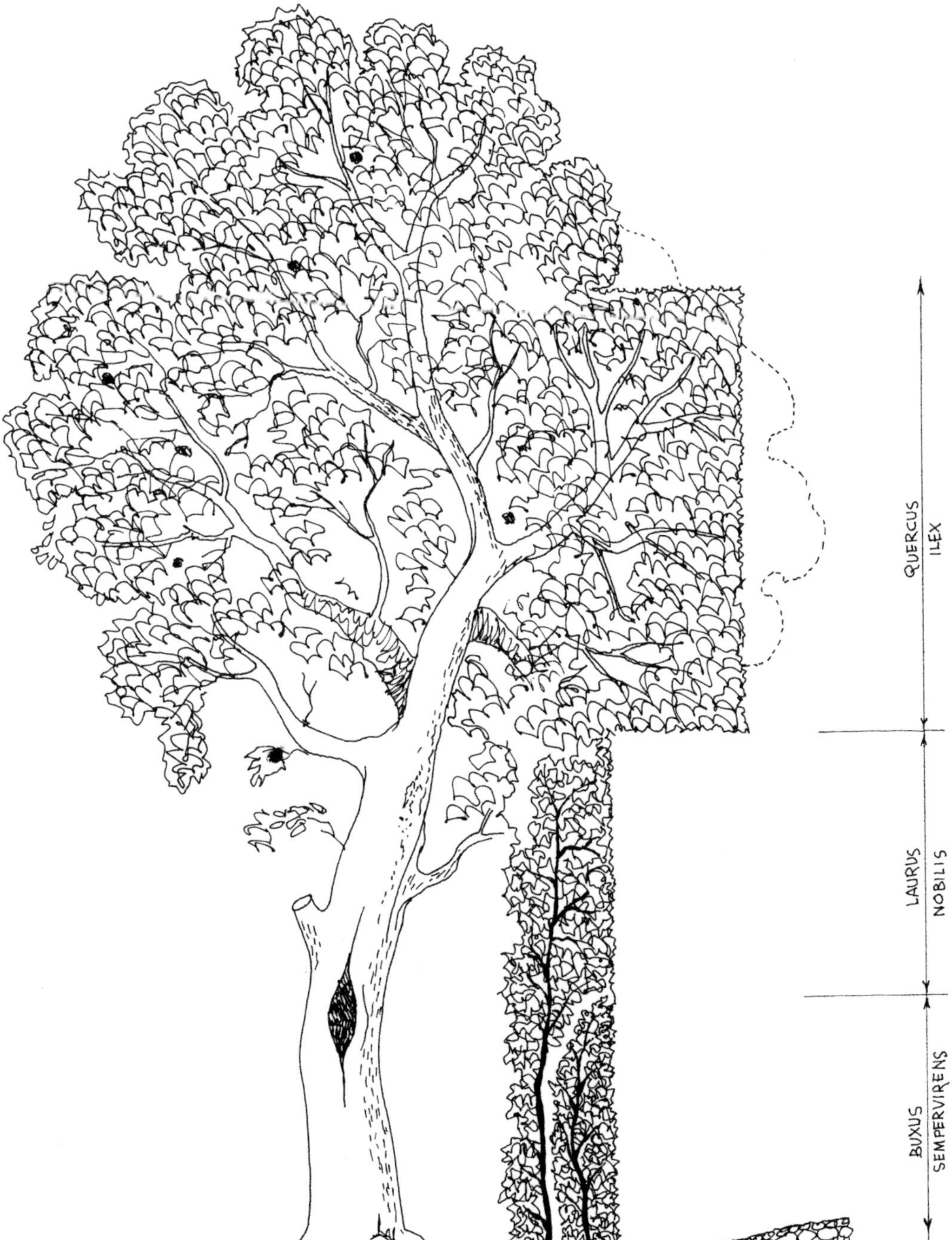

97. Sezione trasversale di una spalliera composta del secondo ordine.

questi impianti, a partire dai grandiosi modelli francesi di Le Nôtre come Vaux Le Vicomte e Versailles, richiedevano siepi commensurate alle vaste estensioni planimetriche, e perciò molto più alte delle loro compagne italiane. Per costituire siepi di dodici e più metri, capaci di resistere ai grandi freddi del nord, si ricorreva a tutta una gamma di spoglianti latifoglie come l'ippocastano, l'acero, il frassino, ancora il carpino, l'olmo, ecc., sostanzialmente estranee alla nostra tradizione. La forma di questa famiglia di associazioni vegetali ornamentali segue generalmente un andamento lineare, ma, specie nei giardini barocchi come ad esempio quello di villa Garzoni a Collodi o di villa Sciarra a Roma, come già accennato, assume forma mistilinea, fino ad arrivare alle 'sculture verdi', dove la relativa tecnica assume comunemente il nome di 'arte topiaria' alla quale si è già accennato.

La tosatura di questa gamma di siepi è parte di un sistema colturale che soggiace all'obbligo del rinnovo delle piante, o mediante turni di ceduazioni, o mediante ripiantumazioni (Figg. 98, 99). In mancanza di tale attenzione le siepi impoveriscono quasi fino a scomparire (Fig. 100). In Italia, come detto, i sieponi sono costituiti prevalentemente da alberi sempreverdi quali il leccio.

98. Vienna, Giardino di Schönbrunn, Rinnovo di un siepone. Si osservi come le piantine giovani siano poste su di un piano arretrato, in previsione della espansione laterale che nel corso della crescita porterà al definitivo allineamento delle giovani piante poste a rincalzo.

99. Baden-Württemberg (Germania), Parco di Schewtzingen, altro esempio del rinnovo dei sieponi.

100. Firenze, Giardino di Boboli, spalliera di leccio, degrado dello stato al 1990.

Per secoli gli strumenti usati per la potatura, meglio chiamata in questi casi sagomatura o *tosatura*, delle siepi, sono stati i forbicioni a mano e le scale di diversa foggia e grandezza (Fig. 101). Oggi si fa un grande impiego delle tosasiepi a motore, elettrico o a scoppio. tuttavia l'esperienza insegna che queste macchine, a causa del riscaldamento delle lame, lasciano piccole bruciature sugli orli delle foglie, possibilmente nocive, ma sicuramente antiestetiche. Del resto l'utilizzo di queste tosasiepi a motore sveltisce un lavoro di solito molto lento e quindi più costoso. Peraltro, non si è ancora diffuso un sistema veloce per la tosatura delle grandi siepi o spalliere lungo i viali; quello di prendere a prestito dall'agricoltura i metodi per potare le grandi spalliere dei moderni frutteti, con lame rotanti disposte in serie lungo bracci ad angolatura regolabile, non appare finora abbastanza affidabile, perché l'inevitabile irregolarità del terreno, trasmettendosi alle lame, impedisce di ottenere la postulata regolarità delle superfici da tagliare.[6]

A Versailles, dove la necessità di abbattere i costi e i tempi di esecuzione è nevralgica, si sta sperimentando un tipo di macchinario simile a quello descritto, ma che regola automaticamente la linearità del taglio e l'inclinazione dei bracci tosatori per mezzo di un sistema di sensori elettronici collegati a comandi idraulici.

La potatura si deve eseguire due volte l'anno, la principale in autunno e una di richiamo in primavera, con oscillazioni che cambiano in relazione all'andamento stagionale e alla zona geografica. Si lavora con l'aiuto di appositi fili guida, che vanno tesi tra due picchetti posti alle estremità della siepe (Fig. 102).

Quello della disposizione dei fili è un aspetto degno di attenzione. Chiedete ai più dei giardinieri di oggi, e vi risponderanno, sbagliando, che si pota *secondo l'ultimo taglio abituale*, senza pensare che così si giunge in breve tempo ad una deformazione dei profili originali (Fig. 103). Le piante crescono ogni anno, producendo nuove gemme e aumentando proporzionalmente tutte le parti del loro organismo. Per questo, se si pota sull'ultimo taglio abituale, andrà progressivamente perduta l'identità dimensionale che garantisce la conservazione della forma originale: la siepe, pur limitata nella nuova vegetazione, continuerà infatti a crescere, raggiungendo altezze infine addirittura doppie di quelle originali (Figg. 104, 105, 106). La strada migliore è quella intermedia di

---

[6] Fu il motivo per cui nel 1983 non venne valutata favorevolmente l'idea di un professore di Bologna, che proponeva un sistema analogo per le siepi alte del Giardino di Boboli, nonostante la riduzione di spesa che l'impiego di tale mezzo avrebbe permesso rispetto al taglio (sia pure con tosatrici a motore) a mano.

101. Firenze, Giardino di Boboli, potatura di una spalliera con l'ausilio delle scale e dei forbicioni a mano (1983).

102. Firenze, giardino della villa Medicea di Castello, le tosature invernali. In questo periodo il giardino mostra un aspetto del tutto diverso ma non meno suggestivo di quando è adornato dalle conche di agrumi e dalle fioriture delle aiuole (1983).

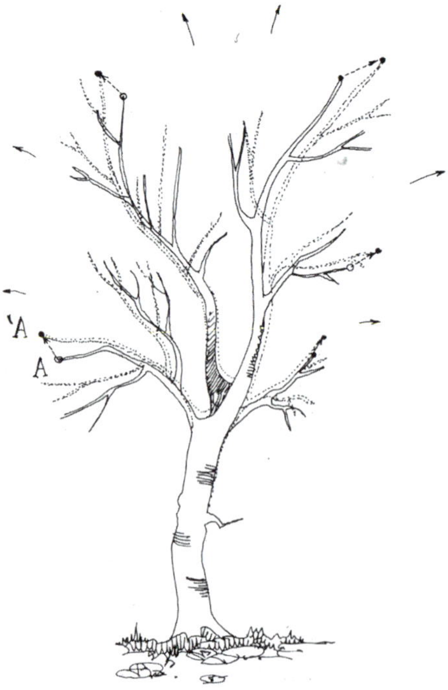

103. Modalità di sviluppo e movimento delle parti di un albero durante la crescita.

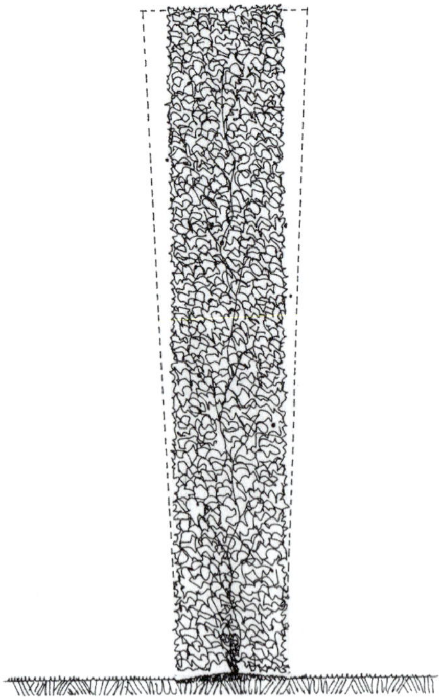

104. Deformazione delle spalliere a sezione semplice.

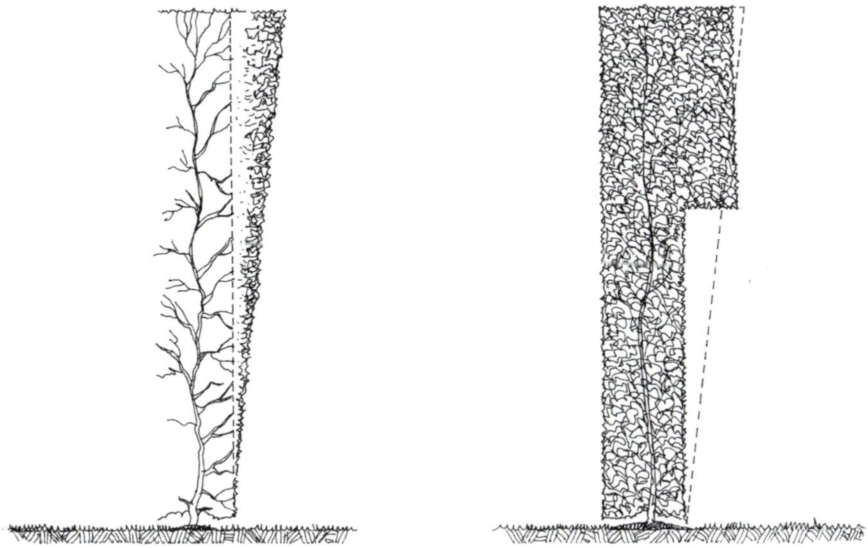

105. Genesi di una spalliera del 'secondo ordine' come modo di risolvere le deformazioni regolarizzando su due piani la sagoma della siepe.

106. Firenze, Giardino di Boboli, spalliera mista del secondo ordine.

adottare il seguente ciclo manutentivo: potare per due anni di seguito sull'ultimo taglio, e una terza al di sotto. In tal modo, anche se al terzo anno la siepe rimarrà scoperta, nella prospettiva temporale lunga il giardino, con la forma delle sue siepi, potrà mantenere la sua autenticità. Al fine di conseguire con questa operazione il maggior vantaggio, si deve adottare un profilo di potatura leggermente trapezoidale, in modo tale che le superfici della siepe, inclinate verso l'interno, tarderanno ad allargarsi, compensando quella tendenza al rovesciamento della forma che caratterizza la crescita degli organismi vegetali per gli effetti della dominanza della gemma apicale (Figg. 107, 108). In caso contrario, una volta che la siepe, potata di continuo secondo l'ultimo taglio abituale, fosse, come si suol dire dai giardinieri, 'scappata', cioè cresciuta e sformata a trapezio isoscele rovescio, l'obbiettivo di ricondurla allo stato originale richiederebbe una potatura talmente radicale da causare anche gravi rischi per il metabolismo (Fig. 109).

La cura delle siepi non finisce con la potatura, che peraltro, arieggiando le chiome, è necessaria anche come prevenzione fitosanitaria; bisognerà mondarle dalle erbe infestanti tanto alla base che tra i rami. Almeno una volta l'anno, appena passati i grandi freddi, andranno zappettate, incorporando del letame stallatico ben maturo ed innaffiando copiosamente durante i periodi asciutti. Bisognerà comunque sarchiarle più volte l'anno. L'invecchiamento delle siepi costituisce un altro punto delicato. Come già detto esso produce impoverimento della capacità vegetativa e svuotamento della chioma nella parte bassa. Risultato di tutto ciò sono quelle siepi diafane e stentate che spesso vediamo nei giardini antichi. Ora, confermando da un lato che con una buona manu-

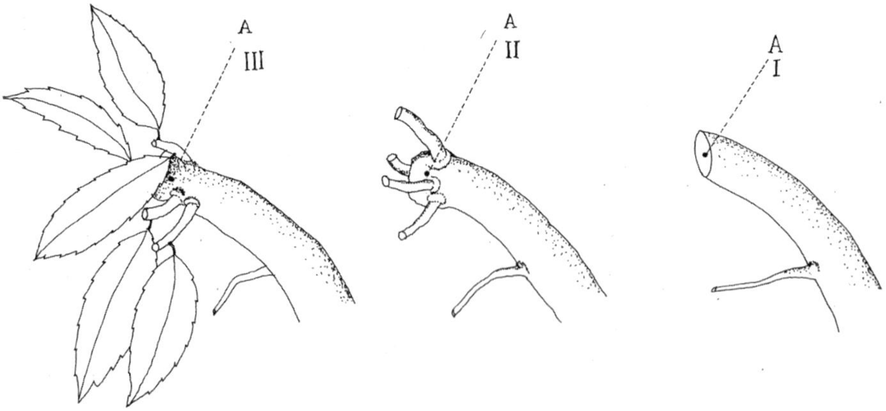

107. Risposta della pianta ad un taglio di potatura effettuato oltre il punto dell'ultimo taglio abituale.

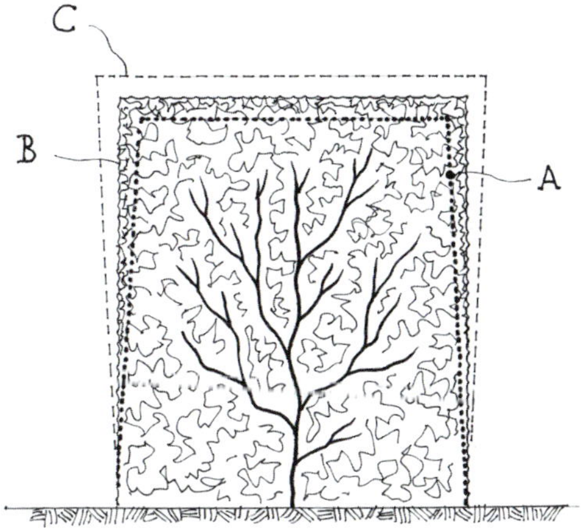

108. Tosatura a ciclo triennale di siepi sagomate finalizzata al manteniento della forma. A) tosatura del primo anno effettuata al di sotto dell'ultimo taglio abituale; B) e C) tosatura del secondo e del terzo anno, dello stesso tipo, effettuate entrambi sull'ultimo taglio abituale. In C) Si osserva lo sviluppo assunto dalla siepe alla fine del terzo anno: effettuata regolarmente, tale procedura garantisce nel tempo il mantenimento delle forme e delle dimensioni originali di progetto.

109. Roma, giardino del Museo Nazionale Romano. Si nota la differenza tra una pianta di tasso a forma tronco-conica tosata per oltre cinque anni con la cattiva abitudine di seguire l'ultimo taglio abituale (i giardinieri improvvidi seguono tale pratica anche perché va su parti ancora non lignificate e quindi più tenere) e la pianta ricondotta alle dimensioni di progetto, che rimarrà così spoglia per un periodo di tempo piuttosto lungo, prima di rivestirsi completamente.

tenzione si ritarda di gran lunga l'intristimento delle piante e dall'altro che non è possibile pensare ad una manutenzione priva del regolare e ripetuto rinnovo (e qui si ripensi all'utilità del vivaio interno al giardino), va anche detto che non si dovrà mai tralasciare il tentativo di ringiovanire una pianta stentata, e per fare questo il sistema, al di là di qualsiasi aiuto nutritivo, è quello della ceduazione, o potatura al piede.

Si tratta di un intervento al quale le piante rispondono in maniera diversa sia riguardo alla specie che al singolo individuo. In genere l'alloro è quello, tra le piante classiche, che resiste meglio, e rimette rigogliosamente nella grande maggioranza dei casi. Altre specie, come il mirto o il bosso, soprattutto se molto vecchie, riprendono più lentamente, e spesso soccombono a tali interventi.[7]

Anche se a prima vista può apparire strano, la ripresa di siepi molto alte, che sono spesso, come detto, composte, è meno difficoltosa di quella appena descritta, perché in tal caso si risolve non di rado con la sostituzione topica delle piante in corrispondenza dell'ordine mancante o indebolito.

---

[7] Ricordo il caso di due vecchissimi e impoveriti cespugli di bosso nel parco archeologico del Palatino, che si decise circa nel 1988 di ringiovanire ceduandoli al piede. Nonostante le piante, di identica dimensione, fossero poste a distanza di un metro l'una dall'altra, in condizioni ambientali identiche, solo una delle due sopravvisse, ed ora presenta una vegetazione rigogliosa della quale ci si serve anche per la formazione delle talee necessarie al vivaio interno che si trova negli Orti Farnesiani.

NOTA BIBLIOGRAFICA

(Sono comprese le principali opere consultate. Altri scritti utilizzati sono citati nelle note).

M. Africo Clemente, *Dell'Agricoltura*, Venezia, 1572.

L. Alamanni, *La coltivazione di Luigi Alamanni al christianissimo re Francesco primo*, Firenze, Bernardo Giunta, 1546.

A. Alphand, *Les promenades de Paris*, Paris, Rothschild, 1867-1869.

E. André, *Traité Général de la Composition des Parcs et Jardins*, Paris, 1879.

E. Baroni, *Guida Botanica*, Rocca S. Casciano, Cappelli, 1907.

P.H. Bridgeman, *Manuale di Chirurgia degli alberi*, ed. it. a cura di G. Goidanich, Bologna, Edagricole, 1977.

G. Cappi, *I Giardini in città ed in campagna, ovvero l'arte di educare i fiori*, Milano, Angelo Bietti, 1897[4].

L. Cavadini, *Il Giardiniere moderno*, Torino, 1908.

— *L'Arte del Giardiniere*, Milano, Hœpli, 1934.

Atlante del Giardino Italiano 1750-1940, a cura di V. Cazzato, Roma, Istituto Poligrafico Zecca dello Stato, 2009.

A. Cazzuola – M. Nencioni, *Il Coltivatore di piante ornamentali*, Roma-Torino, 1880.

B. Chiarelli, *Dalla Natura alla Cultura, principi di Antropologia*, Padova, Piccin-Nuova Libraria, 2003, vol. III.

Columella, *L'arte dell'agricoltura e libro sugli alberi*, Torino, Einaudi, 1977.

B. Davanzati (1529-1606), *Coltivazione toscana delle Viti, e d'alcuni Albori*, Firenze, Giunti, 1600.

P. De' Crescenzi, *Trattato della Agricoltura*, Bologna, Instituto delle Scienze, 1784, ristampa anastatica a cura del Consorzio Nazionale per il Credito Agrario di miglioramento, Bologna, Analisi, 1987.

O. De Serres, *Le théâtre d'agriculture et mesnage des champs*, Paris, 1600.

M. De Vico Fallani, *Il Restauro dei Giardini storico-artistici*, in G. Carbonara, *Trattato di Restauro Architettonico*, Primo aggiornamento, Vol. IX, «Grandi Temi di Restauro», Torino, UTET, 2007, pp. 337-397.

A.J. Dézallier D'Argenville, *La Théorie et la Pratique du Jardinage et un Traité d'Hydraulique*, IV ed., Paris, Pierre-Jean Mariette, 1747.

M.A. Du Breuil, *Cours Élémentaire Théorique et Pratique D'Arboriculture*, Paris, 1846.

G.B. Ferrari (1584-1655), *Flora overo cultura di fiori*, Firenze, Leo S. Olschki, riproduzione in facsimile, 2001.

G.E. FOGG, *La Vita e la Crescita delle Piante*, Torino, Boringhieri, 1969.

A. GALLO (1499-1570), *Le dieci giornate della vera agricoltura e piaceri della villa*, Venezia, Giovanni Bariletto, 1566.

F. GIGLIOLI, *La Costruzione del Giardino Monumentale nei Manuali dal XVI al XVIII secolo, disegno e materiali delle opere d'arte murarie e degli impianti*, ricerca inedita per conto della Soprintendenza Archeologica di Roma, Roma, 1986.

G. GIRARDI – A. DEL LUNGO, *L'Arte di coltivare i fiori*, Catania, Francesco Battiato editore, 1928[2].

G. GOLA, *La vita delle piante*, Torino, UTET, 1951.

J. GRANT – C. GRANT, *Alberi e Arbusti per giardini: cosa coltivare e come coltivare*, Milano, 1949.

G. GUERRINI, *Giardinaggio*, Milano, Vallardi, 1956.

Histories of garden conservation, Case-studies and critical debates, a cura di Michel Conan, José Tito Rojo, Luigi Zangheri, Firenze, Leo S. Olschki, 2005.

J.C. LOUDON, *Encyclopædia of Gardening; Comprising the Theory and Practice of Horticulture, Floriculture, Arboriculture, and Landscape Gardening...*, London, Longman, Rees, Orme, Brown, Green and Longman, 1834.

F. MANIERO, *Fitocronologia d'Italia*, Firenze, Leo S. Olschki, 2000.

G. MORETTI – C. CHIOLINI, *Istruzione Teorico-Pratica nell'arte de' Giardini di Piacere*, Milano, Vedova di A.F. Stella e Giacomo figlio, 1840[2].

V. NICCOLI – A. FANTI, *Prontuario dell'agricoltore e del tecnico agrario*, Milano, Hoepli, 1981[21].

G. NICOLINI – M. MARONI – L. CAZZANIGA, *Il libro del Giardiniere, Lezioni di floricoltura*, pubblicate a cura dell'Istituto Fascista di Tecnica e Propaganda Agraria, Roma, 1938.

R. PHILLIPS – M. RIX, *Riconoscere le rose*, Novara, Istituto Geografico De Agostini, 1988.

ANGIOLO PUCCI, *Il Libro del Giardiniere*, I, *Il Giardino e la Cultura dei Fiori*, Milano, Hœpli, 1913[2].

— *Enciclopedia Orticola illustrata*, Milano, Hoepli, 1915[2].

— *Il Libro del Giardiniere*, II, *La coltivazione delle piante ornamentali da giardino*, Milano, Hœpli, 1922[3].

— *Come coltivare il giardino, l'orto ed il frutteto e come conservarne i prodotti*, Milano, Hœpli, 1983[12].

ATTILIO PUCCI, *Giornale di viaggio*, manoscritto inedito, Firenze, 1854.

Raccolta delle relazioni del sig. Giuseppe Baragli, socio fondatore della Società di Mutua Assistenza fra i giardinieri e i fiorai d'Italia, Firenze, 1920, dattiloscritto inedito conservato nella Biblioteca della Società Toscana d'Orticoltura.

F. RE, *Il Giardiniere avviato nell'esercizio della sua professione*, Milano, Libreria antica e moderna di Gaetano Schiepatti successore a Silvestri, 1864[5] (prima ed. 1812).

W. ROBINSON, *Parks, Promenades & Gardens of Paris*, London, Murray, 1869.

G. RODA, *Manuale di floricoltura*, Milano, Hœpli, 1915[6].

G. e M. RODA, *Giardinaggio Ornamentale, ossia la coltivazione delle principali piante per la decorazione dei giardini, delle verande, degli appartamenti, dei balconi e delle finestre*, Torino-Roma, 1880.

— *Manuale del giardiniere floricolture e decoratore di giardini*, Torino-Roma, 1891[3].

E. Sereni, *Storia del paesaggio agrario italiano*, Bari, Laterza, 1979^4.

L. Scazzosi, *Il Giardino opera aperta*, Firenze, Alinea, 1993.

G. Soderini (1526-1596), *Della cultura degli Orti e dei Giardini*, Firenze, Stamperia del Giglio, 1814.

E. Susini, *Floricoltura e Giardinaggio*, Guida Pratica, Bologna, Edizioni Agricole, 1959.

M. Tanaglia (XV sec.), *de Agricultura*, Bologna, Roncaglia, 1953.

C. Tarello (XVI sec.), *Ricordo d'agricoltura*, Venezia, Giammaria Bassaglia, 1772.

Tecnologia di giardinaggio, a cura del Comune di Sissa e del Centro Formazione professionale in Agricoltura, Sissa, 1981.

A. Titchmarsh, *Tecniche di giardinaggio*, Serie di giardinaggio a cura della Royal Horticultural Society, traduzione e adattamento di A. Busi, Bologna, Zanichelli, 1986^3.

O. Traverso, *Botanica Orticola*, Pavia, Tipografia Mario Ponzio, 1926.

C. Trinci, *Agricoltura Sperimentata e manuale dei Giardinieri*, Roveredo, 1738.

G. Vagliasindi – O. Masera, *Piante da Fiori e da Ornamento*, in «Nuova Enciclopedia Agraria Italiana», a cura di V. Alpe e M. Zecchini, parte 5^a, Torino, UTET, 1924.

M. Vannicola, *Il Giardiniere, manuale per il professionista e l'amatore*, Roma, REDA, 1961.

P. Vettori (1499-1585), *Trattato delle lodi e della coltivazione degli ulivi, di nuovo ristampato colle annotazioni del dott. Giuseppe Bianchini di Prato*, Firenze, Giuseppe Manni, 1718.

FONTI DELLE ILLUSTRAZIONI

Figg. 1, 2, 3, 5, 6, 7, 8, 9, 10, 16: CAPPI, 1897.

Figg. 4, 11, 76: VANNICOLA, 1961.

Fig. 12: Vienna, Albertina.

Fig. 13: Disegno dell'autore, Archivio della Soprintendenza per i Beni Ambientali e Architettonici per le Province di Firenze, Prato e Pistoia.

Figg. 14, 15, 26, 28, 29, 30, 31, 32, 34, 36, 37, 38, 39, 40, 47, 48, 58, 59, 60, 61, 62, 63, 64, 72, 77, 78, 79, 80, 85, 87, 88, 98, 99, 100, 101, 102, 106, 109: foto dell'autore.

Figg. 17, 20, 55, 66, 70, 71, 84, 93, 94, 95, 96: ROBINSON, 1869.

Fig. 18: M. HADFIELD, *A History of British Gardening*, Great Britain, John Murray, 1979[3].

Figg. 19, 24, 25, 41, 42, 43, 44, 45, 46, 49, 65: DU BREUIL, 1846.

Figg. 21, 22, 90, 91, 92, 97, 103, 104, 105, 107, 108: disegni dell'autore.

Fig. 23: FOGG, 1969.

Fig. 27: Museo Topografico di Firenze com'era.

Fig. 33: GRANT, 1949.

Figg. 35, 57, 73, 74, 83, 89: LOUDON, 1834.

Figg. 50, 51, 52, 53, 56, 75, 82: RODA, 1915[6].

Figg. 54, 81: RE, 1864[5].

Figg. 67, 68, 86: ANDRé, 1879.

Fig. 69: M. DE VICO FALLANI, *Storia dei Giardini Pubblici di Roma nell'Ottocento*, Roma, Newton Comtpon, 1992.

Tavv. I, II, V, VI, VII, VIII, IX, X, XI, XII, XIII, XIV, XV, XVI, XVII, XVIII, XIX, XX, XXI, XXII, XXIV: foto dell'autore.

Tavv. III, IV: M. BENCIVENNI – M. DE VICO FALLANI, *Giardini Pubblici a Firenze dall'Ottocento a oggi*, Firenze, Edifir, 1998.

Tav. XXIII: O. GODARD, *Jardins de la Côte d'Azur*, Paris, Ch. Massin & Cie Éditeurs, 1927.

INDICE ANALITICO GENERALE

INDICE

IL VERO GIARDINIERE COLTIVA IL TERRENO
Tecniche colturali della tradizione italiana

TIBERGRAPH
CITTÀ DI CASTELLO • PG
FINITO DI STAMPARE NEL MESE DI SETTEMBRE 2009

GIARDINI E PAESAGGIO

(cm 17 × 24)

1. Federico Maniero, *Fitocronologia d'Italia.* 2000, vi-290 pp.
2. Giovan Battista Ferrari, *Flora overo cultura di fiori.* Riproduzione in facsimile a cura e con introduzione di L. Tongiorgi Tomasi. Testi di A. Campitelli e M. Zalum. 2001, lvi-566 pp.
3. Ercole Silva, *Dell'arte de' giardini inglesi.* Nuova edizione a cura di G. Guerci, C. Nenci, L. Scazzosi. 2002, xxxiv-288 pp. con 40 ill. n.t.
4. *Il giardino e la memoria del mondo.* A cura di G. Baldan Zenoni-Politeo, A. Pietrogrande. 2002, x-260 pp. con 45 tavv. f.t. Ristampa 2005.
5. *Culture and Nature. International legislative texts referring to the safeguard of natural and cultural heritage.* Edited by C. Añón Feliú. 2003, lxii-428 pp.
6. Luigi Zangheri, *Storia del giardino e del paesaggio. Il verde nella cultura occidentale.* 2003, vi-390 pp. con 232 ill. n.t. e 14 tavv. f.t. a colori. Ristampa 2007.
7. *Paesaggio culturale e biodiversità. Principi generali, metodi, proposte operative.* A cura di R. Colantonio Venturelli e F. Müller. 2003, xvi-258 pp. con 50 figg. n.t. e 14 tavv. f.t. di cui 13 a colori.
8. *Oltre il giardino.* A cura di G. Guerci, L. Pelissetti, L. Scazzosi. 2003, viii-414 pp. con 92 ill. n.t. e 14 tavv. f.t. a colori.
9. Eugenio Battisti, *Iconologia ed ecologia del giardino e del paesaggio.* A cura di G. Saccaro Del Buffa. 2004, xiv-420 pp. con 112 figg. n.t. e 33 tavv. f.t. a colori.
10. Michel Conan, *Essais de poétique des jardins.* 2004, xxviii-426 pp. con 146 figg. n.t., 39 tavv. f.t. di cui 11 a colori.
11. Michael Jakob, *Paesaggio e letteratura.* 2005, 242 pp.
12. *Histories of garden conservation. Case-studies and critical debates.* Colloquio internazionale sulla storia della conservazione dei giardini. A cura di M. Conan, J. Tito Rojo, L. Zangheri. 2005, xiv-452 pp. con 143 ill. n.t. e 12 tavv. f.t. a colori.
13. *La cultura del paesaggio. Le sue origini, la situazione attuale e le prospettive future.* A cura di R. Colantonio Venturelli e K. Tobias. 2005, xvi-326 pp. con 34 figg. n.t. e 32 tavv. f.t. di cui 24 a colori.
14. *Giardini, contesto, paesaggio. Sistemi di giardini e architetture vegetali nel paesaggio. Metodi di studio, valutazione, tutela.* A cura di L.S. Pelissetti, L. Scazzosi. 2005, 2 tomi di complessive xiv-840 pp. con 189 figg. n.t. e 20 tavv. f.t. a colori.
15. Luigi Zangheri, Brunella Lorenzi, Nausikaa M. Rahmati, *Il giardino islamico.* 2006, vi-484 pp. con 246 figg. n.t. e 83 tavv. f.t. a colori.
16. Marie Luise Gothein, *Storia dell'Arte dei Giardini.* Vol. I: *Dall'Egitto al Rinascimento in Italia, Spagna e Portogallo.* Vol. II: *Dal Rinasci-*

mento in Francia fino ai nostri giorni. Edizione italiana a cura di M. de Vico Fallani e M. Bencivenni. 2006, 2 tomi di complessive XXIV-1170 pp. con 637 figg. n.t. e 4 tavole f.t.

17. *Per un giardino della Terra*. A cura di A. Pietrogrande. 2006, XII-430 pp. con 4 figg. n.t. e 52 tavv. f.t. di cui 37 a colori.

18. MARIA PIA CUNICO, PAOLA MUSCARI, *Giardini nell'Isola d'Elba*. Collaborazione di A. Contiero, foto di A. Marchese. 2006, XII-188 pp. con 287 figg. n.t.

19. CHIARA SANTINI, *Il giardino di Versailles. Natura, artificio, modello*. 2007, XVI-286 pp. con 27 figg. n.t. e 8 tavv. f.t. a colori.

20. *Bibliografia del giardino e del paesaggio italiano (1980-2005)*. A cura di L. Tongiorgi Tomasi e L. Zangheri, 2008, XII-172 pp. con CD-Rom accluso.

21. CHARLOTTE DE LATOUR, *Il linguaggio dei fiori*. Traduzione di G. Garufi. 2008, X-140 pp. con 12 tavv. f.t.

22. MARGHERITA ZALUM CARDON, *Passione e cultura dei fiori tra Firenze e Roma nel XVI e XVII secolo*. 2008, XVIII-274 pp. con 62 figg. n.t. e 16 tavv. f.t. a colori.

23. GABRIELE CAPECCHI, *Cosimo II e le arti di Boboli. Committenza, iconografia e scultura*. 2008, XII-228 pp. con 114 tavv. f.t.

24. *La cultura del paesaggio in Europa tra storia, arte e natura. Manuale di teoria e pratica*. A cura di P. Donadieu, H. Küster, R. Milani. 2008, XII-192 pp. con 8 figg. n.t.

25. *Giardini storici: a 25 anni dalle Carte di Firenze: esperienze e prospettive*. Vol. I: *Bilanci a 25 anni dalle Carte di Firenze*. Vol. II: *Competenze e prospettive di gestione*. A cura di L.S. Pelissetti e L. Scazzosi. 2009, 2 tomi di complessive XXII-776 pp. con 205 figg. n.t. e 18 tavv. f.t. a colori.

26. MASSIMO DE VICO FALLANI, *Il vero giardiniere coltiva il terreno. Tecniche colturali della tradizione italiana*. 2009, XVI-178 pp. con 109 figg. n.t. di cui 36 a colori e 13 tavv. f.t. a colori.

GIARDINI E PAESAGGIO

I POMI DELLE ESPERIDI

(cm 24 × 31, rilegato)

I. *La villa medicea di Careggi. Storia, rilievi e analisi per il restauro*. 2006, 156 pp. con 104 figg. e 26 tavole a colori n.t. Esaurito.